零基础

阳台养花

黎彩敏　黄基传———编著

江苏人民出版社

图书在版编目（CIP）数据

零基础阳台养花 / 黎彩敏，黄基传编著. -- 南京 ：
江苏人民出版社，2024.4
ISBN 978-7-214-29069-4

Ⅰ. ①零… Ⅱ. ①黎… ②黄… Ⅲ. ①阳台－观赏园
艺 Ⅳ. ①S68

中国国家版本馆CIP数据核字(2024)第074738号

书　　　名	零基础阳台养花
编　　　著	黎彩敏　黄基传
项 目 策 划	凤凰空间／段建姣
责 任 编 辑	曹富林　刘　焱
装 帧 设 计	毛欣明
特 约 编 辑	段建姣
出 版 发 行	江苏人民出版社
出 版 社 地 址	南京市湖南路1号A楼，邮编：210009
总 经 销	天津凤凰空间文化传媒有限公司
总 经 销 网 址	http://www.ifengspace.cn
印　　　刷	雅迪云印（天津）科技有限公司
开　　　本	710 mm×1 000 mm　1/16
印　　　张	10.5
字　　　数	130千
版　　　次	2024年4月第1版　2024年4月第1次印刷
标 准 书 号	ISBN 978-7-214-29069-4
定　　　价	79.80元

（江苏人民出版社图书凡印装错误可向承印厂调换）

目录

本书图标说明

生长期	生长期	花期	休眠	发芽	发芽分化	果期	赏叶期		
光照	喜光	半阴	遮阴	长日照	短日照	背阴			
浇水	多	中	少						
施肥	多	中	少	基肥					
病虫害	多	中	少						
繁殖	播种	分株	球植	扦插	换盆	换土	起球		
修剪	支撑	重剪	弱剪	剪花	摘心	造型	清苗	采种	短截

PART
1

阳台养花，
你准备好了吗？

一、了解阳台环境

1. 阳台朝向

阳台朝向适宜植物特点

朝向	适宜植物
南向阳台	植物可选范围较广，光照强的区域可种植耐旱和喜光植物，如月季、茉莉、石榴、天竺葵、秋海棠、矮牵牛、石莲花等。在阴蔽地方或花架下层也可种植喜阴植物
北向阳台	不宜种植喜阳花卉，以耐阴和稍耐寒的花卉为主，如山茶、文竹、天门冬、君子兰、吊兰、龟背竹、彩叶芋、马蹄莲、万年青等观叶植物
东向阳台	适合养植短日照和稍耐阴的花卉，如杜鹃花、山茶花、君子兰、蟹爪兰等
西向阳台	适宜种植耐晒的植物，如牵牛花、天竺葵等。亦可在向阳处种植一些藤本花卉，遮住夏日骄阳，降低阳台及室内温度。藤下可栽植中性植物及稍耐阴的植物

2. 阳台形状

（1）凸式阳台

凸式阳台三面向外凸出，通风条件好，阳光充足，适宜养花，可借助栏杆、多层花架等摆设花盆。

（2）凹式阳台（又叫嵌入式阳台）

凹式阳台只有一面向外露出，其余三面均靠墙体，通风及光照稍逊，但可利用的墙面较多，可在栏杆上摆设花盆，或在阳台里侧地面上砌设栽植箱，种植攀援植物。

（3）廊式阳台

廊式阳台的走廊与阳台合二为一，一般可在扶手栏杆旁放置盆花，或在栏杆外设栽植槽。

不同形式的围栏对光照的影响也有差异，金属围栏通风、采光良好，适宜种植喜光植物；玻璃围栏采光尚好，但通风稍差；混凝土等不透光的围栏边上阴影区域较多，适宜种植稍耐阴植物，或将花盆摆放到较高位置。

另外，封闭式阳台通风较差，根据光照条件，宜选择对通透性要求不高的花草，如长寿花、豆瓣绿、茉莉等。

3. 阳台摆花小技巧

合理的摆放能避免植物之间的遮光问题，体型稍大的放里面，小巧的则置于体型较大的植物外侧，这样也利于浇水。盆与盆之间隔开一定距离（一般为10～20cm），既避免枝叶穿插在一起，又可减少病虫害交叉感染。

阳台空间局促时，可以选择梯形花架，充分利用立体空间，根据花卉习性从下到上摆放中小型盆花。耐阴植物放在下层，喜光植物放在上层。

还可以在阳台嵌镶套钩，悬挂吊盆，栽种枝叶下垂、轻巧碧绿的花卉等，但要注意安全，防止花盆坠落伤人。

 小贴士：阳台摆花注意事项

● 留意排水口的位置，避免花盆阻碍阳台正常排水。

● 因空调外机排放的废气及热量会阻碍植物生长，空调外机前方不宜摆放盆花。

● 尽可能将生活空间与种植空间分开，避免产生卫生问题，若无法完全区分，摆放时尽量远离晾衣区域。

● 避免将花盆悬挂于阳台外方或摆放在围栏上，以免引发高空坠落意外，尤其是在高层建筑或台风较多的地区。

 # 二、土壤配制与管理

土壤对植物的作用包括固定植株，提供营养、水分等。阳台花卉主要栽植于花盆中，土壤需要根据花卉生长习性、材料的性质来人工配制。

结构良好的土壤需要有一定的孔隙，土壤排水性差容易导致积水烂根，透气性差则易碱化板结。

良好的基质具有提供营养、保水保肥、透水透气等特点，由多种材料按照一定比例混合而成。草本花卉一般采用泥炭和蛭石等配成的基质；小型木本花卉选用土和泥炭配制的基质；大型木本花卉使用园土，但要消毒，保证无病虫。

盆栽植物需长期浇水，土壤易碱化板结，同时根系不断在盆里盘结，造成土壤缝隙变小、透气性差，最终影响植株生长。出现上述情况，可使用松土工具打散土壤结块，触动部分浅层或深层根系，刺激根系再生长，使植物长势更旺盛。在表层土干燥后，可使用花铲沿花盆边缘在 3～5cm 深度逐寸翻动，但要注意避免伤到深层根系。

土壤类型

土壤材料	图示	功能	特点
园土		提供营养，保水保肥	经过施肥耕作，肥力较大、团粒结构好的土壤，是配制培养土的主要原料。园土中可能存在病原微生物、虫卵和杂草种子，可通过日晒、蒸汽等方法消毒后使用
泥炭		提供营养，保水保肥	主要成分是有机物质，可有效增加土壤营养成分，改善板结、硬化等现象。它是花卉栽培的主要培养基质，常以其为主要成分，掺配一定比例的沙、蛭石、珍珠岩等，但养分不全，需要浇营养液
椰糠		保水透气	能缓慢自然分解，改善并长期保持土壤结构。保肥性差，栽培使用时需要浇灌营养液，做脱盐处理，或购买脱盐成品
蛭石		保水保肥，透水	用作土壤结构的改良剂，除提供自身所含的微量元素外，还能使肥料缓慢释放。长期使用的话，结构会破碎，可以单独作为扦插基质
腐叶土		提供营养，保水保肥	分布广，采集方便，堆制简单，含大量有机质，质轻、疏松。一般发酵 2～3 年后使用，用前要消毒
赤玉土		提供微量元素，保水性、排水性较好	具良好的透气效果，可调节土壤结构，在粉化之后还能贴合在根系上面，为植株的生长提供养分
河沙	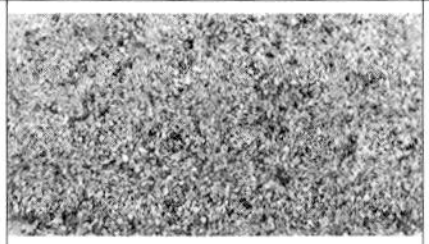	透气透水	结构松散，适合掺入重度黏性土壤改良透气、排水性能。加入过多会降低土壤保水保肥能力
蚯蚓土		提供营养，改善土壤	透水透气性能良好，但易有虫卵

续表

土壤材料	图示	功能	特点
珍珠岩		透气透水	保水性不如蛭石，易粉化或浮于表面，主要用于配制栽培基质，一般不单独使用
陶粒		透气透水，结构支撑	颗粒较大，为土壤提供较好的通透性，防止积水、烂根。廉价，易获取，可用于盆底垫底或花盆铺面
水苔		透气，吸水、保水	疏松，由苔藓类植物干燥而成。多用于喜湿花卉和附生花卉栽培，是附生兰栽培常用基质，也可用于地生兰栽培

三、如何浇水

1. 浇水时间

（1）看

观察表土颜色，如颜色变浅，叶片开始柔软下垂，就需要给花卉浇水了。大部分植物若土壤表面干了，或者表土以下 1～2cm 是干的，及时浇水就可以了。

如果叶片打蔫不精神，表示盆土可能干透，这种情况需要浇水 2 到 3 次才能慢慢缓解。一些透水性差的盆土，必要时需要浸盆才能真正湿润。

（2）拎

拎也称为掂盆法，就是把花盆拎起来感受花盆的重量。也就是说，浇水前手提花盆，感受一下重量，浇水后再提起花盆，做前后重量的比较。下次浇水前，若提起花盆感觉明显变轻了，就可以浇水了。

（3）摸

可以用手指将土层表面拨开 1～2cm，如表面干透，内部微微潮湿，此状态为盆土干透，可以浇水。也可以借助牙签、竹签等工具，插入盆土约 3cm，待 2 分钟后取出，如牙签上的土是干的，就可以浇水了，否则需等几日再浇。

一般情况下，对于喜水的植物，如绣球、杜鹃等大部分生长旺盛的草花，一旦看到其土层表面干了就需要及时浇水。如果植株是比较耐旱的，等盆土干到一半或是干透时浇透即可。

2.浇水方式

浇水的时候，浇到叶面上容易损伤植株，一些幼嫩的枝叶和花蕾可能就会受伤了。应该将水浇在土壤里，充分渗透泥土，这样根茎也可以更好地吸收。

浇水的时候尽量浇透，避免次多量少。建议使用长颈壶，用小一点的水流慢慢浇，保证盆土各个方向都能均匀浇透，等到盆底流出水后，放置 5 分钟，再浇到盆底流水。此外，也可以使用喷壶，用喷雾喷洒叶面、清洗叶片尘土、冲掉害虫，保持植物清新。水量以喷水后不久便可蒸发为宜。

幼苗和娇嫩的植株宜多喷水，新上盆和尚未生根的插条也需多喷水，热带兰类花卉、天南星科及凤梨科花卉也需经常喷水。有些花卉对水湿很敏感，不宜将水喷到叶片上。对于盛开的花朵，也不宜喷水，以免造成花瓣霉烂。

浇完水应及时清理花盆托盘，避免形成积水影响盆土透气，也避免积水成为蚊虫滋生的温床。若盆栽太大不易移动，可用大号的注射器把托盘里的水抽出来，或者把托盘换成可以接水的底托。

↑ 浇水　　　　　　↑ 喷叶　　　　　　↑ 浸盆

3.水质

用来浇花的水，对水质有一定要求。使

用自来水浇花，要先通过日晒使水中氯气挥发后再使用。淘米水、茶水不宜用来直接浇花。

🔨 **小贴士：浸盆的方法**

● 用一个口径略大于花盆的容器，装入约 1/3 高度的水，将花盆放入容器之中。

● 等到花盆充分吸收容器中的水分（盆土表面潮湿或花盆变得很重），再将花盆取出。

↑ 步骤1：准备一盆清水

↑ 步骤2：把盆栽放入水中

↑ 步骤3：水位不要越过花盆顶部，从底部慢慢吸收水分

↑ 步骤4：表土变色湿润则可

注：浸盆不利于排出盆土内的杂质和有害物质，易导致土中盐碱含量上升，不建议长期只浸盆而不浇透水。

🔨 **小贴士：花盆积水怎么办**

● 先检查排水孔是否堵塞，可以用瓶盖或平整物垫在花盆与底托之间，增加透气性，促使积水迅速排出。

● 浇水过多会出现一些状况，如花瓣凋谢、叶子下垂、发生霉变、叶片发黄等，此时应减少浇水量。

● 如果积水严重，建议考虑换盆或换土。准备一个透气性好的花盆，底部垫上陶粒，将植物拔起。若根系出现腐烂，要把烂根全部剪掉，清洗干净，用多菌灵或高锰酸钾溶液浸泡消毒，放在阴凉通风处晾干后再栽植。

● 塑料花盆透气性差，夏天浇水后容易积水，可以给盆壁打孔增加透气性。

四、施肥

市面上售卖的各种绿植肥料，主要是由氮、磷、钾三大营养元素按比例配制而成的，分单一型和复合型。施肥时，应尽量减少使用单一元素肥，植物生长需要多种元素共同作用。如通用型肥料氮、磷、钾比例均衡，在开花期、成长期、花后期使用；促花型肥料磷、钾含量高，如磷酸二氢钾，在花芽分化及开花前后使用。此外，常用的还有硫酸亚铁，用于调节土壤酸度，适合喜酸类植物，如月季、蓝雪花、绣球、兰花、栀子、茉莉等；螯合铁用于预防缺铁黄化，增强光合作用。

施肥方法

类别	方法	效果	注意事项	图示
基肥（底肥）	播种或移植前结合土壤耕作施入，通常用农家肥或有机肥料作基肥	能改良土壤、培肥地力，创造良好土壤条件	可搭配草炭、珍珠岩、蛭石等防止肥效损失	
种肥	施于种植点附近，或与种子混合施入土壤，以氮、磷肥为主	经济高效，满足幼苗所需养分	浓度不能过高，土壤肥力水平高时效果不明显	
土壤追肥	花卉生长期施肥，多用速效性氮肥，花期多追施磷、钾肥	保证和促进不同时期花卉的正常生长发育	不缺肥时不追肥，可与日常浇水结合	
叶面施肥（根外施肥）	将肥料溶液喷洒在叶面，通过叶片吸收，也可直接注射到植株的茎部导管	用肥量小，见效快	宜在晴天早晨或傍晚施入，两天内若有降水需重新喷施，浓度过高容易灼伤叶片	

常用肥料类型

类型	成分、效果	注意事项	图示
有机肥（农家肥）	以各种有机物为原料加工而成的肥料，如羊粪、牛粪、鸡粪、豆饼肥、芝麻饼肥、骨粉等，肥效长，绿色环保，但养分含量相对低，肥效缓慢	必须充分发酵才能使用，可购买现成的腐熟有机肥，切忌使用生肥。常用作基肥，埋在花盆底部或拌土使用，也可用于冬季追肥，盆边浅埋即可	
无机肥（化肥）	常见的有以氮、磷、钾为主的单一肥或复合肥，比如尿素、磷酸二氢钾等，也有含铁、钙、镁、锌、硫等微量元素的肥料	成分单纯，含有效成分高，易溶于水，分解快，易被根系吸收，但长期使用会使土壤板结	
速效肥	施用后即溶入土壤，吸收快、见效快。品种多样，针对性强，肥效时间短，大多在 7～15 天，需定期施用	用量或频率不当易造成肥害，少施多次为宜。水溶肥、营养液、液体有机肥都属于速效肥，通常需要按比例兑水稀释使用	
缓释肥（控释肥）	一般呈颗粒状，养分会随着水分、温度变化而缓慢释放。见效慢，肥效时间长，在土壤中能保持 3～6 个月	使用方便，操作简单，施肥频率少，高温时用量过大易造成肥害	

 五、修剪整形

1. 摘心

摘心又称打顶，是在花卉生长期用手或剪刀除去嫩梢的生长点，促进多生侧枝，多形成花芽，使植株矮化、丰满、多开花。

摘心常于生长初期进行，萌芽力强、耐修剪的种类可多次摘心，可以让花卉达到爆盆的效果。一些草花摘心后，花可能会变小，需慎重处理。

↑ 摘心促进植株饱满

2. 抹芽

抹芽是指抹掉枝条生长的新芽。在生长期，用手将花卉基部或干上生长出来的多余不定芽摘除，避免消耗太多养分，抹芽时每根枝条一般留 2 ~ 3 个芽点。

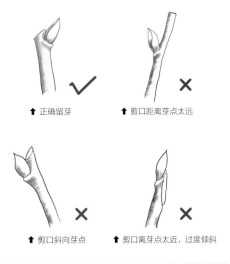

↑ 正确留芽   ↑ 剪口距离芽点太远

↑ 剪口斜向芽点   ↑ 剪口离芽点太近，过度倾斜

3. 修枝

修枝包括疏枝和短截。为了调整树姿，利于通风透光，提高叶片光合效能，常将枯枝、病虫枝、纤细枝、平行枝、徒长枝、密生枝等剪掉，防治病虫害。

木本植物的疏枝多在休眠期进行，北方地区由于冬季寒冷、春季干旱，修剪宜推迟到气温回升，即将萌芽时进行。大部分草本植物会在春天长出大量枝条，生长早期除去细弱枝，植株会发育出较少但更强健的枝条，开出更大的花朵。

短截是指将枝条先端剪去一部分，促使植株抽生新梢，增加分枝数目，一般采取"强枝轻剪、弱枝重剪"的方法。当花卉生长过高或长势较弱之时，短截可以让其恢复生机。

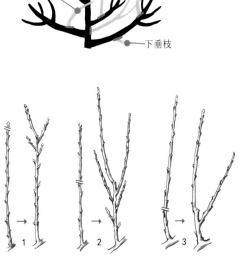

↑ 1. 轻短截（轻剪）截去枝条全长 1/5 ~ 1/4
    2. 中短截（中剪）截去枝条全长 1/3 ~ 1/2
    3. 重短截（重剪）截去枝条全长 2/3 以上

4. 疏花、疏果

疏花、疏果是指在花卉生长期将多余的花蕾和过多的果实去掉，利于集中养分，不会出现掉花苞的现象，使花朵大而鲜艳，果实累累。

对于新购或幼龄的花木、生长衰弱的观果植物，全部摘除花蕾和幼果，有利于贮存营养，让植物更好生长。

5. 修根

在花卉生长过程中，根系难免会有枯死和感染病菌的，换盆时将老根、死根剔除，或疏掉一些须根，促进新根的发生。

一般出现问题的根系颜色与健康根系的颜色不同，用手捏住会干瘪发软，这样就需把腐烂的根系剪掉，必要时还要用多菌灵浸泡杀菌，以免进一步感染。修剪后的根系应是分布均匀而整齐的。

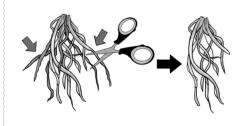

6. 摘除残花、残叶

凋谢的花朵和枯萎的叶片容易感染真菌，及时摘除利于减少营养损耗，可促使开花旺盛，还能预防病虫害。

摘除残花时，从花朵下方的茎部开始，而不只是摘除花瓣部分。一些没有叶子的花茎，可直接从根部摘除，如三色堇、蝴蝶兰等。花序生长较多小花的花卉（如仙客来），可以先一朵朵摘除，等整体凋谢后再将其下方的茎摘除。留种的植物不宜除残花，但花期较长的，夏季结籽多不饱满、发芽率低，应于秋季开花留种为宜。

发现枯黄的叶子也应立即摘除。平时定期清洁叶面，灰尘会影响叶子吸收阳光，不利于进行光合作用，可以用柔软的湿布擦拭，或者使用喷壶清洁。

7. 花卉攀附

攀援植物和蔓生植物需要花费更多时间打理，要及时将新抽枝条系到附着物上，并剪除影响外观的细长枝条。根据整体造型决定缠绕方式，可让攀援植物缠绕在支架或遮光网上。西晒的阳台还可以引导藤本植物形成幕帘，遮住夏日烈阳，降低阳台及室内温度。

8. 换盆

盆栽花卉生长空间有限，过于密集、拥挤会影响水肥吸收，或因栽植时间过长而使土质变差，就需要通过分盆、分株来改善营养条件。

植株换盆的最佳时期是春、秋两季，一般在休眠期或生长初期进行。宿根类、落叶类花卉在落叶后到早春发芽前都可以换盆；常绿花卉宜在气温回升以后换盆，过早易烂根；盆栽花卉一般 1 ～ 3 年换盆 1 次。

换盆时要配制疏松透气的土壤，根据根幅大小来选择花盆。如果植物还有生长空间，换盆时宜选大一号，想要保持现状，就使用同样大小的花盆。花盆里加入适量基肥，避免根系直接接触，再把植株放进去，周围新添介质把空隙处塞满压实。

换盆后一定要浇透水，在有充足散射光、阴凉通风处放置 10 天左右，避免阳光直射。直接地栽也需要浇透水，并适当遮阴。新换盆的植株先不要施肥，等半个月左右，根系长好了再开始施肥。

六、病虫害

相对于庭院，阳台空间更为封闭，有些封闭式阳台甚至是客厅的一部分。因此，花卉病虫害的预防更显重要。

①栽植适应阳台环境的植物，可多选择抗性强、病虫害少的种类。

②及时剪除残花、枯枝叶，修剪后可涂些杀菌药物，防止病菌入侵。

③定期喷洒杀菌药物，如广谱杀菌药物多菌灵等，1～2周1次；还可在土里洒点杀虫剂（如呋虫胺），对小黑飞、蚜虫、蚧壳虫之类有效。

④定期查看植株生长状况，检查叶面和叶背，并保持阳台卫生。

 小贴士：如何正确使用农药？

● 使用农药防治病虫害时，宜选择毒性不强的，并详细阅读说明书。

● 烟雾型及喷雾型农药可直接喷洒，乳剂型、水溶型农药则需用水稀释后使用。

● 注意施药浓度，过高或过低均不利于药效发挥。

● 幼苗期、嫩梢、嫩叶打药时易产生药害，大部分花卉在花期对农药敏感，应根据病虫害情况谨慎用药。

● 在气温高、日照强的中午施药易产生药害，应选择在多云且无风的傍晚进行，且整个过程要迅速。注意安全防护。

花卉常见病虫害

名称	图示	病因及症状	防治措施
叶斑病		多由真菌、细菌、线虫等侵染引起，营养缺乏或长期高温、高湿也可能是病因。病株叶片形成病斑，不断扩大，最终枯死	选用杀菌药剂喷洒，或补充缺乏肥料，保证花卉处于通风、透光环境可以预防
白粉病		由真菌中的白粉菌引起的病害。病株叶片形成霉斑，严重时布满叶背	用杀菌剂处理病株，加强肥水管理、合理修剪、通风降湿可以预防
炭疽病		由炭疽菌引起的斑点性病害。病株叶片多数形成圆形、褐色、有深色边缘的病斑	杀菌药剂防治效果较好，加强管理可减轻病害
锈病		由锈菌寄生引起的病害。受害部位产生疱点或肿瘤、丛枝、曲枝等症状，造成落叶、焦梢，甚至枯死	药剂防治是快速有效的办法

名称	图示	病因及症状	防治措施
根腐病		由真菌、线虫、细菌引起的病害，被害花卉根部腐烂甚至坏死，病株枯死	种植前应当对土壤消毒，施放的有机肥要完全腐熟，雨季保证快速排干积水
蚜虫病害		半翅目蚜总科昆虫，吸食花卉汁液造成植株受损，甚至死亡	及时剪除被害枝梢、残花，少量蚜虫可人工清除，量大时要及时喷施农药杀灭
红蜘蛛病害	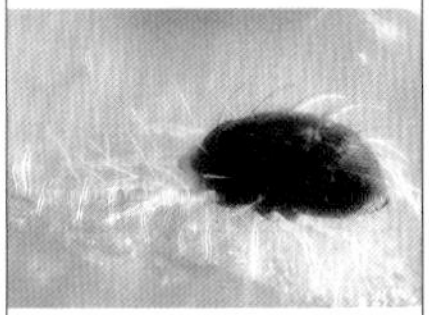	叶螨科昆虫，吮吸汁液使叶片枯黄、脱落	喜高温、干旱环境，个别叶片受害时可摘除虫叶，较多时应及早喷药
蚧壳虫病害		蚧科昆虫，危害叶片、枝条和果实，造成叶黄、梢枯，且易诱发煤烟病等其他病症	加强管理，修剪整形并及时处理病枝、病叶，虫盛时喷药较为有效
白粉虱病害	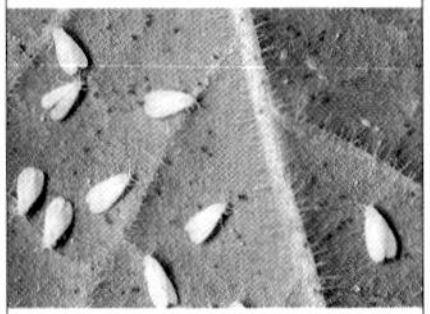	粉虱科昆虫，吸食汁液引起叶片枯黄、萎蔫、生长衰弱，直至枯死	黄色粘虫板可诱杀成虫，发生初期应及时用药，以免危害扩大
线虫病害		由植物寄生线虫侵袭和寄生引起，通常使地下根部结瘤、短粗、丛生，甚至坏死	通过翻耕晒土方法消毒，线虫严重时，可用杀线虫剂处理土壤

七、花盆及工具

1. 花盆

　　作为阳台最常用的容器，花盆应考虑材质、风格和整体搭配效果综合选择。一般来说，小苗用小盆，大苗用大盆。对于小植株来说，花盆太大容易积水，造成根系缺氧、烂根。植株外形较高时选用较大的花盆，较矮时选用较小的花盆，视觉效果会更好。悬垂式花木（如吊兰、常春藤等）可选用高筒型花盆，下垂的枝蔓与盆体相衬，饶有一番情趣。丛生状花木（如杜鹃、海棠、石榴、瓜叶菊等）枝叶伸展面积较大，适合使用大口花盆。

花盆类型

类型	图示	特点
红陶盆		◆主要以黏土为原料烧制而成，呈砖红色，朴素耐看，与花卉搭配效果较好。 ◆透气性强，被称为"会呼吸的花盆"。排水性也好，但需要频繁浇水。 ◆偏重，容易长出青苔以及白色反碱，适合栽植大部分植物
泥瓦盆		◆用黄土烧制、不上釉，外表粗糙，价格便宜。 ◆重，透水性及排水性较好，但需要频繁浇水。 ◆土坯细腻、声音清脆、表面光泽者较好。容易脆化，易有青苔。适合栽植大部分植物，多用在庭院中
带釉陶盆		◆主要以黏土为原料烧制而成，表面涂了一层釉。外形美观，造型多样。 ◆通常只在盆底留一个圆形透水孔，釉面不透气、不渗水，较难掌握盆土干湿情况，保温差，冬冷夏热容易烂根。 ◆不适于栽植花木，一般可做化木陈列的套盆使用。无底孔的适合栽植睡莲、荷花、铜钱草等水生植物
瓷盆		◆用瓷土烧制而成，色泽鲜艳，外形美观，但透气性、渗水性较差。 ◆优缺点及应用与带釉陶盆相同
紫砂盆		◆用紫砂泥烧制而成，里外都不上釉。质地精密，色彩柔和，素雅大方。 ◆透气性、渗水性较好。 ◆价格贵，风格古雅，一般用于种植盆景或名贵花卉
树脂花盆		◆由树脂加工而成，较轻、坚韧、耐冲击、不易破裂，使用寿命长。 ◆不易变色和褪色，具有抗紫外线的特性，适合放在阳光下。 ◆底部设计有网状造型，并配有导水槽，透气性强，可使土壤保持较高的持水量
塑料盆		◆由塑料加工而成，价格便宜，但容易受损和变形，不及树脂耐用。 ◆质地轻巧，换盆时磕土容易，便于洗涤和消毒。材质不透气，排水性较差，易烂根。 ◆改良的塑料盆增加了导水槽、导根槽、气剪孔等设计，透气性较好，也能帮助根系生长

2. 园艺工具

工欲善其事，必先利其器。拥有一套好的园艺工具会使种植及养护的过程体验更加愉悦。所有的工具在使用过后都应当进行彻底清洁，防止吸水导致金属表面生锈、工具的使用寿命缩短，甚至无法正常使用。

适用于阳台的园艺工具数量及种类非常多，除下表所述工具外，还可以根据面积大小、种植类型、维护强度等因素，补充购买其他工具，如刻度量杯、小刷子等。

常用园艺工具

名称	图示	名称	图示	名称	图示
园艺手套		手耕耙	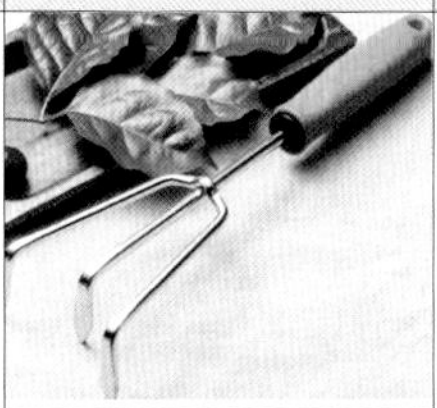	园艺剪	
水桶		园艺叉		园艺铲	
浇水壶		花架		园艺地垫	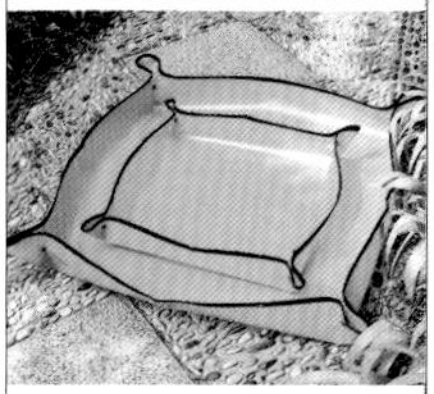
喷壶	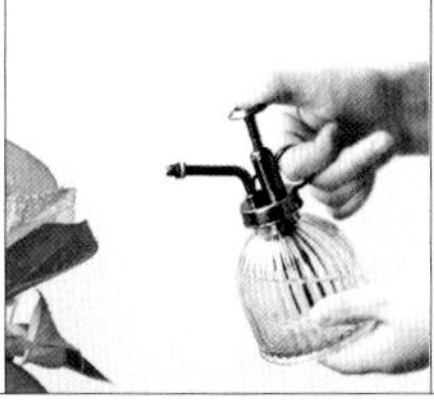	园艺工作台		标签插牌	

PART
2

春季开花植物

春季养花要点

春季气温逐渐回升，植物开始恢复生机，萌发新芽，是阳台养花较为繁忙的时节。

预防倒春寒

为确保花卉安全，在移到室外初期，夜间应将盆花收回室内过夜，避免其因寒霜袭击而死亡。

遇到温暖的天气，可将盆花转移到室外晒晒太阳，下午再搬回室内，让盆花逐渐适应外部环境。

换盆

翻盆换土的时间，最好选在新芽或新叶长出前进行。

御寒能力较强的花卉可在 3 月进行；早春开花的可在花朵凋谢后；畏寒的花卉应继续采取防寒保暖措施，待清明节后再进行换盆和换土。

繁殖

春季是盆花扦插、分栽、播种的最佳时期。

春播、春植的一二年生花卉，可采用撒播或点播的方式；月季、天竺葵等可剪取健壮枝条进行扦插；兰花、文竹、吊兰等可进行分株繁殖。

长寿花

Kalanchoe blossfeldiana

❀

健康长寿　喜庆吉祥

【科属】景天科伽蓝菜属
【适应地区】低于 10℃时需室内过冬

【株高】10 ~ 30cm
【生长类型】多年生肉质草本

【花期】12 月至翌年 4 月
【别名】圣诞伽蓝菜、火炬花

【观赏效果】品种丰富，株型紧凑，叶片肥厚光亮，开花拥簇成团。花色丰富，花期极长，栽培容易，适宜冬季室内装饰或夏季室外摆设。

市场价位：★☆☆☆☆　　光照指数：★★★★☆　　施肥指数：★★☆☆☆
栽培难度：★★☆☆☆　　浇水指数：★★★☆☆　　病虫指数：★★☆☆☆

病虫害防治：常见病害有白粉病、叶斑病、黑腐病等，可用 50% 多菌灵 500 ~ 700 倍液喷洒防治。虫害主要有蚜虫、蚧壳虫等，可分别使用 10% 吡虫啉 2000 ~ 2500 倍液和 40% 速扑杀乳油 800 ~ 1000 倍液喷洒防治。

全年花历

月份	1月	2月	3月	4月	5月	6月	7月	8月	9月	10月	11月	12月
生长期	❀	❀	❀	❀	🌱	🌱	🌱	🌱	🌱	🌱	🌱	❀
光照	☀▮	☀▮	☀	☀	☀	●	●	●	☀	☀	☀▮	☀▮
浇水		💧	💧	💧	💧	💧	💧	💧	💧	💧	💧	
施肥				▣	◪	◪	◪	◪	◪	◪	◪	◪
病虫害			🐞	🐞	🐞	🐞	🐞	🐞	🐞	🐞		🐞
繁殖				🪴	🌱	🌱			🌱	🌱		
修剪	✄	✄	✄				✋		✂	✂	✂	✄

🪏 种植小贴士

1
多采用扦插繁殖。选用排水良好的土壤和陶质花盆种植。

2
喜光，室内种植时应放在距南向窗户 1m 以内，夏季可移到东向或西向窗前，防止晒伤。低于10℃时应移入室内。

3
不耐积水，1~2 周待土壤干燥后再浇透，然后倒干盆下托盘。室外种植要避免淋雨。

4
根系不发达，耐受性不好，除换土时掺入缓释基肥外，每月施用少量即可。花期可在叶面追施液肥。

5
短日照开花植物，冬季移入室内时，每日光照6～8小时后用黑色塑料袋罩起来促进花芽分化。

大岩桐

Sinningia speciosa

欲望

【株高】15～25cm

【生长类型】球根花卉

【花期】4—6月

【别名】落雪泥、六雪尼

【科属】苦苣苔科大岩桐属
【适应地区】北方地区需室内越冬

【观赏效果】植株小巧玲珑，叶片肥厚，叶色油绿，有丝绒质感。花朵姹紫嫣红，花色艳丽，品种繁多，环境适宜时花期超长，可从初春开到秋天。

市场价位：★★☆☆☆　　　光照指数：★★☆☆☆　　　施肥指数：★★☆☆☆
栽培难度：★★★☆☆　　　浇水指数：★★★☆☆　　　病虫指数：★★★☆☆

病虫害防治： 常见病害有猝倒病、灰霉病、叶枯性线虫病，灰霉病可喷洒800倍50%多菌灵稀释液防治，叶枯性线虫病应及时拔除病株烧毁，消毒盆钵、块茎、土壤。虫害主要有尺蠖，以人工捕捉为好。

月份	1月	2月	3月	4月	5月	6月	7月	8月	9月	10月	11月	12月
全年花历												
生长期	🌰	🌰	🌱	🌸	🌸	🌸	🌿	🌿	🌿	🌿	🌿	🌰
光照	◐	◐	◐	◐	◐	●	●	●	◐	◐	◐	◐
浇水	💧	💧	💧	💧	💧	💧	💧	💧	💧	💧	💧	💧
施肥		🫙	🫙	🫙	🫙	🫙	🫙	🫙	🫙	🫙	🫙	
病虫害	🐞	🐞	🐞	🐞	🐞	🐞	🐞	🐞	🐞	🐞	🐞	🐞
繁殖			🪴	🌱					🌱	🌱		
修剪						✂️	✂️					

种植小贴士

1

选用疏松透气的栽培介质，一般在园土、腐叶土中加入适量珍珠岩、蛭石等以利排水，盆底可铺碎瓦片等作为沥水层。

2

稍耐旱，怕积水，浇水"见干见湿"，一般每周 2～3 次，注意不要滴到叶片上。

3

生长期薄肥勤施，每周灌浇 1 次稀薄液肥，花期增施磷钾肥。

4

18~28℃

适生温度 18～28℃，不耐寒，低于 8℃ 会发生冻害。夏季高温时休眠。

5

喜半阴，光线不足易徒长，可适当加强光照使株型矮壮，开花更多。

6

日常勤疏剪、掐芽，保证基部空气流通，促进侧芽发出新枝，花后及时剪去残花。

粉苞酸脚杆

Medinilla magnifica

❀

成熟而纯洁的美

【科属】野牡丹科美丁花属
【适应地区】北方地区需室内越冬

【株高】50 ~ 100cm
【生长类型】常绿灌木

【花期】4—6月
【别名】宝莲灯、美丁花

【观赏效果】株型优美，叶片宽大、粗犷，下垂的粉红色花瓣（其实是苞片）层层重叠，故名粉苞。其花姿宛如宫灯，花蕊红中带黄，犹如点点星光，花、叶、果的观赏效果均佳。

市场价位：★★★☆☆　　光照指数：★★☆☆☆　　施肥指数：★★★☆☆

栽培难度：★★★☆☆　　浇水指数：★★★☆☆　　病虫指数：★★☆☆☆

病虫害防治： 叶枯病可喷施 800 ~ 1000 倍液百菌清防治，每周 1 次，连喷 2 ~ 3 次；茎腐病初期，将发病部位用刀刮干净，涂抹 800 倍液多菌灵进行防治。虫害主要有红蜘蛛、蚜虫、蓟马、蚧壳虫等。

全年花历												
月份	1月	2月	3月	4月	5月	6月	7月	8月	9月	10月	11月	12月
生长期	🍃	🍃	🍃	✺	✺	✺	🍃	🍃	🍃	🍃	🍃	🍃
光照	☀	☀	☀	☀	☀	☀	☀	☀	☀	☀	☀	☀
浇水	💧	💧	💧	💧	💧	💧	💧	💧	💧	💧	💧	💧
施肥	◇	◇	◇	◇	◇	◇	◇	◇	◇	◇	◇	◇
病虫害	🐞	🐞	🐞	🐞	🐞	🐞	🐞	🐞	🐞	🐞	🐞	🐞
繁殖			🪴			🌱			🌱			
修剪							✋		✋		✋	

🔨 种植小贴士

土壤要疏松肥沃，以呈酸性、排水良好且富含有机质的腐叶土或泥炭土最为适宜，花盆以高30cm、口径25cm为宜。

喜湿润，不耐干旱，浇水"见干见湿"。生长旺季保持盆土潮湿，可以喷雾增加湿度，花期不要将水喷到花朵上。

生长期内采用1:1:1复合肥每周淋施。

喜温暖，不耐寒，适生温度18～26℃，12℃以下应移入室内。

稍耐阴，喜散射光明亮的环境，忌太阳下暴晒。

分枝长至4片叶时摘心，可使分枝增加、株型匀称，并呈满盆状态。

风信子
Hyacinthus orientalis

❀

【株高】 15～30cm
【生长类型】 球根花卉

【花期】 3—4月
【别名】 洋水仙、五色水仙

胜利 喜悦 幸福 怀念

【科属】天门冬科风信子属
【适应地区】南方温暖地区需冷藏春化

【观赏效果】 植株低矮整齐，花序端庄，形态华丽，品种众多，色彩缤纷，香味浓郁，容易种植。

市场价位：★★☆☆☆　　光照指数：★★★★☆　　施肥指数：★★★☆☆
栽培难度：★★★☆☆　　浇水指数：★★★☆☆　　病虫指数：★★★☆☆

病虫害防治： 常见病害有生芽腐烂、软腐病、菌核病和病毒病，种植前消毒基质、种球，生长期可每周喷 1 次 1000 倍液退菌特或百菌清，交替使用抑制病菌的传播。

月份	1月	2月	3月	4月	5月	6月	7月	8月	9月	10月	11月	12月
生长期	🌱	🌱	✿	✿	🌱	■	■	■	■	■	■	🌱
光照	☀	☀	☀	☀	☀	☀	☀	☀	☀	☀	☀	☀
浇水	💧	💧	💧	💧							💧	💧
施肥			◨		◨					◼	◼	
病虫害	☙	☙	☙	☙							☙	☙
繁殖						🌷	🌷			🌷🌿	🌿	🌿
修剪			✄	✄	✂							

全年花历

🔨 种植小贴士

1

砂质土壤

以肥沃疏松和排水性好的砂质土壤为宜，用透气好、带有底孔的花盆种植。

2

秋植球根，土培时施足基肥，冬季及开花前后各施追肥1次。

3

秋冬保持盆土湿润，花后控制浇水量，休眠期保持干燥，水培每周换水。

4

花后剪掉花箭，施以磷钾肥或有机肥，待枝叶枯萎后搬到阳光充足且干燥处休眠。两广地区需起球放冰箱冷藏两个月左右春化。

5

水培可将球茎置于小口的锥形玻璃瓶上，水位离球茎底盘1～2cm。

6

长出3～4片叶时，可每周向叶面喷洒0.1%磷酸二氢钾稀释液，或2～3周施1次营养液，直至现蕾，但要避免营养液过多而导致水质下降。

27

卡特兰
Cattleya spp.

✿

敬爱　倾慕

【株高】20～30cm

【生长类型】附生草本植物

【花期】3—5月

【别名】嘉德利亚兰、加多利亚兰

【科属】兰科卡特兰属
【适应地区】华南以北地区需室内越冬

【观赏效果】叶形粗大，花朵雍容华贵、芳香馥郁，色泽娇艳而丰富，国际上有"洋兰之王""兰之王后"的美称。养护难度低，花期调控容易。

市场价位：★★★★☆　　光照指数：★★☆☆☆　　施肥指数：★★☆☆☆
栽培难度：★★☆☆☆　　浇水指数：★★★☆☆　　病虫指数：★★☆☆☆

病虫害防治：常见病害有炭疽病、软腐病、白绢病、病毒病等，可用 75% 百菌清可湿性粉剂 2000 倍液防治。常见虫害有蚧壳虫、蛞蝓、红蜘蛛等，少量虫害可物理清除。

全年花历

月份	1月	2月	3月	4月	5月	6月	7月	8月	9月	10月	11月	12月
生长期	🌱	🌱	花	花	花	土	🌿	🌿	🌿	🌿	🌿	🌿
光照	☀	☀	◐	◐	◐	◐	◐	◐	◐	◐	◐	☀
浇水	○	○	●	●	●	●	●	●	●	●	●	○
施肥		▨	▨	▨	▨		▨	▨	▨	▨	▨	
病虫害	※	※	※	※	※	※	※	※	※	※	※	※
繁殖			换盆			换盆						
修剪					剪	剪						

🔧 种植小贴士

1

用排水良好、透气性强的无土介质栽培，如树皮、蕨根、水苔、珍珠岩等混合配制，盆底可用木炭作为排水层。

（图注：蕨根　水苔　珍珠岩　树皮）

2

喜湿润，冬季每周浇水1次，其余季节每2～3天浇透1次。干燥时可通过叶面喷雾、加湿器等维持空气湿度。

（图注：<10℃）

3

生长期每1～2周施用1次速效性肥料即可。

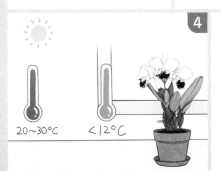

4

喜温暖，不耐寒，适生温度20～30℃，12℃以下时应移入室内。喜具散射光的半阴环境，除冬季外均需遮光。

（图注：20～30℃　<12℃）

5

每1～2年分株换盆，一般在花谢后或春季新芽萌发时进行。花后修剪残花和枯死徒长枝叶。

木茼蒿
Argyranthemum frutescens

❀

满意　喜悦
骄傲　暗恋

【花期】2—10月

【别名】玛格丽特、野菊花

【株高】修剪控制大小

【生长类型】灌木

【科属】菊科木茼蒿属
【适应地区】北方地区需室内越冬

【观赏效果】叶似茼蒿，株丛整齐，花色丰富，颜色淡雅，清新脱俗。花量极大、花期长，在欧洲有"法兰西菊""少女花"等别称。

市场价位：★★☆☆☆　　光照指数：★★★★☆　　施肥指数：★★★☆☆
栽培难度：★★☆☆☆　　浇水指数：★★☆☆☆　　病虫指数：★★☆☆☆

病虫害防治：常见病害有叶斑病、白粉病等，发病初期分别喷施 40% 百菌清悬浮液 600 倍液和 70% 甲基托布津可湿性粉剂 800 ～ 1000 倍液防治。虫害主要有蚜虫、蚧壳虫，日常可选择 10% 吡虫啉可湿性粉剂埋土预防。

月份	1月	2月	3月	4月	5月	6月	7月	8月	9月	10月	11月	12月
全年花历												
生长期	☁	❀	❀	❀	❀	❀	❀	❀	❀	❀	☁	☁
光照	◑	☼	☼	☼	☼	●	☼	●	☼	☼	◑	◑
浇水	◊	◊	◊	◊	◊	◊	◊	◊	◊	◊	◊	◊
施肥		◈	◈	◈	◈	◈	◈		◈	◈		
病虫害			※	※	※	※	※	※	※	※		
繁殖						⚓		⬓	⚓	⚓		
修剪			✿	✿	✿	✿		✂	✿	✿		

🪏 种植小贴士

1

土壤要求松软透气，宜用泥炭土、腐熟有机肥、腐叶土、珍珠岩或粗河沙等自行配制，并依植株大小选用稍大些的陶盆。

2

较耐旱，忌积水，生长期浇水"干透浇透"，休眠期保持基质湿润即可。

3

薄肥勤施，每月喷洒 2～3 次水溶性复合肥，花期追施磷肥促进开花。休眠期不施肥，开春时添加有机肥。

4

18～25℃

喜温暖，适生温度 18～25℃，30℃以上或 10℃以下进入休眠期，生长缓慢。

5

喜光，除盛夏遮光外，其余时间要保证充足光照，可经常旋转使植株全方位接受阳光。

6

幼苗长到 6～7 片叶子时开始打顶，侧芽长到 6～7 片叶子后再次打顶，这样可使植株丰满。入秋时重剪保留 5～8cm 高即可。

蒲包花

Calceolaria crenatiflora

富贵　富有　援助

【科属】荷包花科荷包花属
【适应地区】北方地区需室内越冬

【株高】20～40cm
【生长类型】多作一年生草本

【花期】2—5月
【别名】荷包花、元宝花

【观赏效果】花型奇特，色泽鲜艳，花开膨胀如元宝，又像火红的"小荷包"，家里养上一盆，看起来非常漂亮。花期长，寓意平平安安、红红火火，观赏价值很高。

市场价位：★☆☆☆☆　　光照指数：★★★☆☆　　施肥指数：★★★☆☆
栽培难度：★★★★☆　　浇水指数：★★★☆☆　　病虫指数：★★★☆☆

病虫害防治：常见病害有灰霉病，可喷洒50%多菌灵500～600倍液防治。虫害主要有蚜虫和红蜘蛛，分别喷洒40%氧化乐果1200～1500倍乳液和三氯杀螨醇1200～1500倍液防治。

全年花历

月份	1月	2月	3月	4月	5月	6月	7月	8月	9月	10月	11月	12月
生长期	🌱	❁	❁	❁	❁	🌱		▨	▨	🌿	🌿	🌿
光照	☀▮	☀▮	☀	☀	☀	☀	☀	☀	☀	☀	☀	☀▮
浇水	💧	💧	💧	💧	💧					💧	💧	💧
施肥			🧴	🧴	🧴	🧴		🧴	🧴	🧴	🧴	
病虫害	🐞	🐞	🐞	🐞	🐞	🐞		🐞	🐞	🐞	🐞	🐞
繁殖								🌰	🌰	🪴		
修剪	✂❁	✂❁	✂❁	✂❁	✂❁	👉						✂❁

🔧 种植小贴士

喜疏松肥沃、排水良好砂质土壤，一般可用腐叶土、园土、河沙加基肥配制。

怕干旱，忌积水，浇水"见干见湿"。花叶不要沾水，以浸盆法为好，也可沿花盆边缘浇水。

喜肥，但忌大肥，生长期薄肥勤施，每1～2周追施稀薄液肥1次，花期增施磷钾肥。夏季高温和冬季低温时期停肥。

喜凉爽，不耐寒，不耐热，适生温度10～25℃，5℃以下需移入室内。

长日照植物，但夏季要注意遮阴，并置于通风凉爽处。

及时修剪枯萎枝叶以利通风。

球兰
Hoya carnosa

青春美丽

【株高】茎蔓达 200cm 以上
【生长类型】攀援灌木

【花期】4—12 月
【别名】草鞋板、狗舌藤、雪梅

【科属】夹竹桃科球兰属
【适应地区】华南地区可室外越冬

【观赏效果】叶肉质、丰厚肥润，叶色清新素雅。花多为白色，有红色花心，星形小花簇生聚集成球形，清雅芳香，如美丽的花球一般，仿佛透着一股青春少女的美，故名球兰。

市场价位：★★☆☆☆　　光照指数：★★☆☆☆　　施肥指数：★★★★☆
栽培难度：★★☆☆☆　　浇水指数：★★★★☆　　病虫指数：★★☆☆☆

病虫害防治： 常见病害有软腐病、根腐病，发病前使用 0.125% ~ 0.200% 浓度的 80% 代森锌可湿性粉剂喷洒预防。虫害主要有蚜虫和蚧壳虫、白粉虱等，可在土中埋入 3% 呋虫胺颗粒剂预防，也可用 2g 洗衣粉加 500g 水对虫体喷雾防治。

全年花历

月份	1月	2月	3月	4月	5月	6月	7月	8月	9月	10月	11月	12月
生长期	叶	叶	叶	花	花	花	花·果	花·果	花·果	花·果	花·果	花·果
光照	☀	☀	☀	☀	☀	☀	☀	☀	☀	☀	☀	☀
浇水	💧	💧	💧	💧	💧	💧	💧	💧	💧	💧	💧	💧
施肥		肥	肥	肥	肥	肥	肥	肥	肥	肥	肥	
病虫害			虫	虫	虫	虫	虫	虫	虫		虫	
繁殖			盆					播				
修剪			修				剪	剪	剪	剪	剪	剪

🔧 种植小贴士

1　盆栽基质可用泥炭土、沙和蛭石配制，并加入适量过磷酸钙做基肥。花盆口径15～20cm，每盆栽苗3～5株。

2　喜散光、半阴环境，忌烈日直射，依强度每天光照2～6小时为佳。

3　土壤保持湿润，但不可积水。

4　除有机基肥外，生长期每月向叶面喷施稀薄复合液肥1～2次，花期追施磷钾肥，秋冬季节停止施肥。

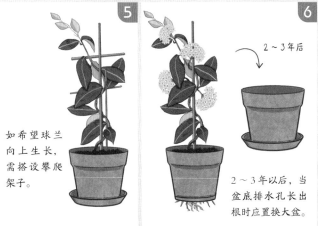

5　如希望球兰向上生长，需搭设攀爬架子。

6　2～3年以后，当盆底排水孔长出根时应置换大盆。（2～3年后）

三色堇
Viola tricolor

沉思 快乐 思念

【科属】堇菜科堇菜属
【适应地区】华北地区需室内越冬

【株高】15~30cm

【生长类型】一二年生或多年生草本

【花期】4—7月

【别名】蝴蝶花、鬼脸花、猫儿脸

【观赏效果】品种繁多，花型独特，通常每朵花上都有紫、白、黄三种不同颜色，因而得名"三色堇"。花量大，花期长，容易养护，也是欧洲常见的野花物种。

市场价位：★★☆☆☆　　光照指数：★★★★☆　　施肥指数：★★★★☆
栽培难度：★★★☆☆　　浇水指数：★★★☆☆　　病虫指数：★★★☆☆

病虫害防治：炭疽病、叶斑病发病初期，可分别喷施 80% 代森锌可湿性粉剂 800 倍液和 40% 百菌清悬浮液 600 倍液防治。红蜘蛛和蚜虫病害分别喷洒 40% 乐果乳剂 800 倍液和 10% 吡虫啉 2000~2500 倍液防治，连喷 3~4 次。

月份	1月	2月	3月	4月	5月	6月	7月	8月	9月	10月	11月	12月
全年花历												
生长期	🌱	🌱	🌱	🌼	🌼	🌼	🌼	🍒		🌰	🌰	🌱
光照	☀	☀	☀	☀	☀	☀	☀	☀			☀	☀
浇水	💧	💧	💧	💧	💧	💧	💧			💧	💧	💧
施肥	🧴	🧴	🧴	🧴	🧴	🧴	🧴			🧴	🧴	🧴
病虫害	🐞	🐞	🐞	🐞	🐞	🐞	🐞					🐞
繁殖					🪴				🪴	🌰	🌰	
修剪					✂🌼	✂🌼	✂🌼	✋	✋			

🔨 种植小贴士

1 对土壤要求不高，以肥沃、排水良好、富含有机质的中性壤土为宜。

2 不耐旱，忌积水，生长期保持土壤湿润，浇水"见干见湿"，冬天土壤要偏干。

3 喜肥，生长期每1～2周追施稀薄液肥1次，临近花期可增加磷肥。

4 喜凉爽，较耐寒，适生温度12～18℃，高于25℃或低于-5℃时影响生长。

5 喜阳光，每天直射日光不少于4小时，冬季应置于南向窗台。

6 修剪徒长枝叶，及时摘除残花、残枝，保持株型。

沙漠玫瑰

Adenium obesum

❀

爱你不渝

【科属】夹竹桃科沙漠玫瑰属
【适应地区】华南地区可室外越冬

【株高】修剪控制大小
【生长类型】多肉灌木或小乔木

【花期】5—12月
【别名】天宝花

【观赏效果】植株矮小，形状奇特，根茎肥大如酒瓶，花朵形似喇叭，三五成丛，灿烂似锦，具有较高的观赏价值。其原产地接近沙漠，花红如玫瑰，故而得名"沙漠玫瑰"。

市场价位：★★☆☆☆	光照指数：★★★★★	施肥指数：★★☆☆☆
栽培难度：★★☆☆☆	浇水指数：★★☆☆☆	病虫指数：★☆☆☆☆

病虫害防治： 常见病害有软腐病、叶斑病和煤烟病，可分别喷施 150 ~ 200 倍波尔多液、50% 托布津可湿性粉剂 500 倍液和 50% 多菌灵 600 倍液防治。虫害主要有蚜虫和蚧壳虫，可用 2g 洗衣粉加 500g 水对虫体喷雾防治。

月份	1月	2月	3月	4月	5月	6月	7月	8月	9月	10月	11月	12月
全年花历												
生长期	❂	❂	🌱	🌱	✿	✿	✿	✿	✿	✿	✿	✿
光照	☼	☼	☼	☼	☼	☼	☼	☼	☼	☼	☼	☼
浇水	◊	◊	◊	◊	◊	◊	◊	◊	◊	◊	◊	◊
施肥			▨	▨	▨	▨	▨	▨	▨	▨	▨	
病虫害			🐞	🐞	🐞	🐞	🐞	🐞	🐞	🐞	🐞	
繁殖			▢				🌱	🌱				
修剪				✂		✂		✂		✂		✂

种植小贴士

1 宜用疏松肥沃且排水良好，富含钙质的砂壤土。花盆可用根茎2倍左右的透气陶盆。

2 喜干燥，浇水"干透浇透"，光照较多的时候可增加浇水量。

3 生长期每2周薄施有机肥1次，休眠期不施肥。

4 喜温暖，低于0℃时应移入室内。喜光，宜放置在阳光或散射光充足的地方，休眠期也要保持适当光照。

5 生长速度快，需经常修剪保持造型，花后需重剪。伤口汁液有毒，避免碰触。

6 每年春季应更换一个稍大规格的花盆，防止肿胀枝干受限影响生长。

石斛

Dendrobium nobile

❀

慈爱 祝福 吉祥

【科属】兰科石斛属
【适应地区】华南地区可室外越冬

【株高】20～50 cm
【生长类型】宿根花卉，附生

【花期】4—5月
【别名】金钗石斛

【观赏效果】株型奇特，茎多节，节有时稍肿大，可入药，南方地区居民常用来煲汤。花色绚丽，花期较长，仿佛张开修长翅膀的精灵涌动着生命气息，具较高观赏价值。

市场价位：★★★☆☆　　光照指数：★★☆☆☆　　施肥指数：★★☆☆☆
栽培难度：★★☆☆☆　　浇水指数：★★★★☆　　病虫指数：★★★☆☆

病虫害防治： 炭疽病可用 50% 扑克拉锰可湿性粉剂 4000 倍液防治，煤烟病可用 75% 酒精擦拭，叶斑病可用 75% 百菌清 800 倍液防治。虫害主要有蓟马、白粉虱，可用黄色捕虫板诱杀。

全年花历

月份	1月	2月	3月	4月	5月	6月	7月	8月	9月	10月	11月	12月
生长期	🌰	🌰	🌱	🌸	🌸	🌿	🌿	🌿	🌿	🌿	🌿	🌰
光照	☀	☀	☀	☀	☀	☀	☀	☀	☀	☀	☀	☀
浇水	💧	💧	💧	💧	💧	💧	💧	💧	💧	💧	💧	💧
施肥			🧴	🧴	🧴	🧴	🧴	🧴	🧴	🧴	🧴	🧴
病虫害			🐞	🐞	🐞	🐞	🐞		🐞	🐞	🐞	🐞
繁殖		🪴	🪴	🪴								
修剪				✂	✂							

种植小贴士

1 石斛根系不发达，宜用小号花盆种植。用树皮、木屑等搭配瓦砾、石块组成基质。

2 喜温暖潮湿、通风良好、半阴半阳的环境，避免阳光直射。

3 每周浇水"见干见湿"，但盆中不能有积水。

4 保持空气湿润，出现干枯枝叶时可用加湿器增加湿度。

5 薄肥勤施，生长期每周向叶面施用稀薄液肥，休眠时不施肥。

6 花后及时剪除花茎，促进植株生长并再次开花。

洋桔梗
Eustoma grandiflorum

✿

纯洁　感动

【科属】龙胆科洋桔梗属
【适应地区】华南地区以外需室内越冬

【株高】30～100cm
【生长类型】多年生草本

【花期】5—10月
【别名】龙胆花、大花桔梗

【观赏效果】株态轻盈潇洒，花色清新淡雅，花型别致可爱，有着如同玫瑰般的典雅气质，也被称为"无刺玫瑰"。洋桔梗的得名和形状有关，因其长得和桔梗很像，又是外来植物，故在"桔梗"前面加了一个"洋"字。

市场价位：★★★★☆　　光照指数：★★★★☆　　施肥指数：★★★☆☆
栽培难度：★★★☆☆　　浇水指数：★★★☆☆　　病虫指数：★★★☆☆

病虫害防治：常见病害有病毒病、霜霉病、灰霉病等，可施用抗枯宁、代森锰锌等药剂进行预防和处理。虫害有蚜虫、蓟马、卷叶虫等，可喷施 40% 的氧化乐果 1000 倍液防治，少量虫害可物理清除。

月份	1月	2月	3月	4月	5月	6月	7月	8月	9月	10月	11月	12月
生长期	🌱	🌱	🌱	🌱	✿	✿	✿	✿	✿	✿	🌱	🌱
光照	☀	☀	☀	☀	☀	☀	☀	☀	☀	☀	☀	☀
浇水	💧	💧	💧	💧	💧	💧	💧	💧	💧	💧	💧	💧
施肥		⬧	⬧	⬧	⬧	⬧	⬧	⬧	⬧	⬧		
病虫害	🐞	🐞	🐞	🐞	🐞	🐞	🐞	🐞	🐞	🐞	🐞	🐞
繁殖			🌰						🌰			
修剪					✂	✂	✂	✂	✂	✂		

全年花历

🛠 种植小贴士

1

喜疏松肥沃和排水、透气性好的微酸性土壤，以略小的深盆为宜。

2

喜湿润，但水分过多易烂根。一般春、秋季每周浇水1次，夏季可增加浇水量。

3

除基肥外，每2周追施稀薄液肥1次，花前增施磷钾肥。

4

15～28℃

喜温暖，生长适温15～28℃，低于10℃停止生长。

5

喜阳光，长日照有助于茎叶生长和花芽形成，光照不足易徒长甚至不开花。除盛夏适当遮阴外，应保持充足光照。

6

花后可重剪，去除弱枝，促进侧枝生长，维持株型，以便继续开花。

郁金香

Tulipa gesneriana

❋

博爱 高雅

【株高】30~50cm

【生长类型】球根花卉

【花期】4—5月

【别名】洋荷花、草麝香、荷兰花

【科属】百合科郁金香属

【适应地区】全国各地广泛栽培

【观赏效果】花色秀丽，外形饱满多姿，带独特的异域风情，深得花友们喜爱。其品种丰富，有镶边、斑斓、条纹等多种，既有荷花型，又有百合花型，还有卵形或球形等，是著名的球根观赏花卉。

市场价位：★★☆☆☆　　光照指数：★★★★☆　　施肥指数：★★★☆☆

栽培难度：★★☆☆☆　　浇水指数：★★★☆☆　　病虫指数：★★★☆☆

病虫害防治：主要有灰霉病、根腐病、白绢病等，发病初期喷施甲基托布津或百菌清防治。虫害主要为蚜虫或根虱，蚜虫喷施吡虫啉防治，根虱浇灌氧化乐果药液防治。

月份	1月	2月	3月	4月	5月	6月	7月	8月	9月	10月	11月	12月
全年花历												
生长期	🌱	🌱	🌱	✿	✿							
光照	☀	☀	☀	☀	☀	◐	◐	◐	◐	☀	☀	☀
浇水	💧	💧	💧	💧	💧					💧	💧	💧
施肥	▽	▽	▽	▽	▽					▽	▽	▽
病虫害	🐞	🐞	🐞	🐞	🐞	🐞	🐞	🐞	🐞	🐞	🐞	🐞
繁殖						🌷				🌷	🌷	
修剪				✂	✂	✂						

🔨 种植小贴士

1 购买低温休眠的种球，否则需要冰箱冷藏 12 周以上春化才能开花。种球清毒后间隔 3cm 摆放，尖端朝上，以疏松肥沃的酸性砂质土壤覆盖。

2 喜凉爽，生长适温 15～22℃。喜光，每天应保持 6 小时以上光照，高于 24℃ 时注意遮阴。

3 浇水"干透浇透"，防止积水导致腐烂，花谢后停止浇水。

4 生长期薄肥勤施，隔周交替使用通用肥料和促花肥料。

5 花期结束后及时清理残花，剪掉枯叶，挖起种球，用纸袋包裹，置于阴凉、干燥和黑暗的环境中保存。南方地区要放冰箱低温休眠。

月季花

Rosa chinensis

✽

幸福 光荣 贞洁
纯洁的爱

【花期】4—9月

【别名】月月花、月月红、玫瑰

【株高】修剪控制大小

【生长类型】常绿、半常绿低矮灌木

【科属】蔷薇科蔷薇属
【适应地区】华北及以南地区可室外越冬

【观赏效果】适应性强，花色众多，且多数品种有芳香，可以反复开花。花期长，具较高观赏价值，享有"花中皇后"的美誉。也常用于花束和花篮插制。

市场价位：★★★☆☆　　光照指数：★★★★☆　　施肥指数：★★★★☆

栽培难度：★★★★☆　　浇水指数：★★★★☆　　病虫指数：★★★★☆

病虫害防治： 黑斑病、锈病可选择 50% 百菌清 600 倍液和 50% 退菌特 500 倍液轮换施用，白粉病喷施甲胺磷以及代森锌防治。虫害主要有红蜘蛛和蚜虫，可分别喷施杀螨剂和 40% 的氧化乐果 1000 倍液防治。

月份	1月	2月	3月	4月	5月	6月	7月	8月	9月	10月	11月	12月
生长期	●	●	🌱	✿	✿	✿	✿	✿	✿	🌱	🌱	●
光照	☀	☀	☀	☀	☀	◑	◑	◑	☀	☀	☀	☀
浇水	💧	💧	💧	💧	💧	💧	💧	💧	💧	💧	💧	💧
施肥			🪣	🪣	🪣	🪣	🪣	🪣	🪣	🪣	🪣	
病虫害			🪲	🪲	🪲	🪲	🪲	🪲	🪲	🪲	🪲	
繁殖		🪴	🌱						🌱			
修剪			✂	✂	✂	✂	✂	✂	✂	✂		✂

全年花历

🔨 种植小贴士

1

早春或晚秋斜剪 10cm 强壮枝条，保留 2～3 片叶子，用生根粉蘸枝，扦插在砂质基质中，早晚喷水，30 天内可生根。

2

以素烧的泥盆为佳，盆底增加 2～3cm 砾石层以利透水。选用疏松肥沃和排水、透气良好的基质，每 2～3 年新芽萌动前换盆。

3

每天早、晚浇水，连续不断开花养分消耗较多，除掺入种植土的基肥外，生长期每 10 天应追施稀薄液肥。

4

喜温暖，低于 5℃或高于 30℃会休眠。喜光，每天至少要有 6 小时以上光照才能开花。

5

植株保持间距，既利于通风，又可有效预防病虫。春天开花前轻剪塑形，现蕾时剪蕾，每根枝条只留 1 个花蕾，花后及时剪掉残花和细弱枝条。

6

休眠后可重剪，留 3～5 根成熟枝条，每枝留 3～5 个芽以利越冬。

黄水仙
Narcissus pseudonarcissus

❋

【生长类型】球根花卉
【株高】30 ~ 60cm

【别名】喇叭水仙、洋水仙
【花期】3—4月

神秘 纯洁的爱情

【科属】石蒜科水仙属
【适应地区】华北地区可室外越冬

【观赏效果】品种丰富，叶片碧绿，花冠硕大，颜色鲜黄靓丽，多数没有香味，观赏价值较高。复花性好，自欧洲远道而来，故俗名"洋水仙"。

市场价位：★★★☆☆　　光照指数：★★★★★　　施肥指数：★★★★☆
栽培难度：★★★☆☆　　浇水指数：★★★☆☆　　病虫指数：★★☆☆☆

病虫害防治：主要病害有根腐病和线虫病，种植前可用 50% 多菌灵可湿性粉 500 倍液浸泡 5 ~ 10 分钟，生长期用 75% 百菌清可湿性粉剂 700 倍液喷洒防治。虫害有蚜虫和红蜘蛛，可用 40% 氧化乐果乳油 1000 倍液喷杀防治。

全年花历

月份	1月	2月	3月	4月	5月	6月	7月	8月	9月	10月	11月	12月
生长期	●	●	✿	✿	🌱	🌱	●	●	●	●	●	●
光照			☀	☀	☀	☀						
浇水	💧	💧	💧	💧	💧	💧				💧	💧	💧
施肥		🝖	🝖	🝖	🝖	🝖				🝖		
病虫害		🐞	🐞	🐞	🐞	🐞						
繁殖							🌷		🌱	🪴		
修剪				✂		✂						

🔨 种植小贴士

1 常用口径为 15 ～ 20cm 的花盆，每盆栽鳞茎 3 ～ 5 个，覆土约 5cm，以肥沃疏松、排水良好、富含腐殖质的砂土为宜。

2 忌积水，发芽前浇水"宁干勿湿"，发芽后"见干见湿"。

3 基肥要足，发芽后每周追施稀薄液肥，长出花葶后改施磷钾肥，入夏叶黄后停止施肥。

4 喜冬冷夏热，生长适温 4 ～ 25℃。喜光照，最好每天保持 4 小时以上。

5 花败后剪掉残花，茎叶和种球都有毒，修剪时要注意防护。

6 夏季休眠后起球置于阴凉通风处储存，华南地区需要春化才能开花。

朱顶红

Hippeastrum rutilum

❀

渴望被爱　追求爱

【株高】30～50cm

【生长类型】球根花卉

【花期】4—6 月

【别名】对红、红花莲、百枝莲

【科属】石蒜科朱顶红属
【适应地区】华南地区可室外越冬

【观赏效果】有百合花之姿、君子兰之美，花型呈喇叭状，花朵硕大，花色艳丽，观赏价值极高，且方便调控花期。

市场价位：★★☆☆☆　　光照指数：★★★★☆　　施肥指数：★★★☆☆

栽培难度：★★★☆☆　　浇水指数：★★★☆☆　　病虫指数：★★★☆☆

病虫害防治：常见病害有红斑病、叶枯病等，种球种植前使用广谱杀菌剂浸泡，发病时可喷 75% 百菌清可湿性粉剂 700 倍液防治；定期（5～7 天）用 25% 百菌清 500 倍液喷雾预防叶枯病。虫害主要有红蜘蛛，定期喷洒杀螨剂预防。

月份	1月	2月	3月	4月	5月	6月	7月	8月	9月	10月	11月	12月
全年花历												
生长期	🌱土	🌱土	🌱	✿	✿	✿	🍃	🍃	🍃	🍃	🍃	🌱土
光照	☼	☼	☼	☼	☼	☀	☀	☀	☼	☼	☼	☼
浇水				💧	💧	💧	💧	💧	💧	💧	💧	
施肥		🟦	🧴	🧴	🧴	🧴	🧴	🧴	🧴	🧴	🧴	
病虫害			🐞	🐞	🐞	🐞	🐞	🐞	🐞	🐞	🐞	
繁殖		🌷					🪴✂		🌷			
修剪				🌀		✂🌸	✂				✂	

种植小贴士

1 根据种球大小选择花盆，栽后有 3 ~ 5cm 空隙为宜。喜透气疏松的肥沃沙壤土，栽种浸泡消毒后的种球时要露出 1/3。

2 喜湿润，浇水"干透浇透"，切忌积水烂根。

3 除缓释基肥外，生长期每周施用液肥，见花芽后至花期结束补充磷钾肥。

4 喜温暖，适生温度 18 ~ 25℃，冬季休眠适温 10 ~ 12℃。

5 喜光，耐半阴，每天转盆保证良好光照可促进开花，夏季需要遮阴。

6 叶子完全枯萎再修剪，开花时支撑花梗防止倒伏，花后及时剪掉残花和花梗。花期结束换盆分球重栽，两广地区需冰箱冷藏 15 天春化。

铁线莲
Clematis florida

❀

高洁　美丽的心　原谅我

【株高】长度可达 300cm
【生长类型】宿根花卉

【花期】4—6 月
【别名】架子菜、铁线牡丹、番莲、金包银

【科属】毛茛科铁线莲属
【适应地区】部分品种全国可种

【观赏效果】品种繁多，茎像铁丝一样纤细而柔韧，攀爬力和可塑性强。开花时间长，花朵犹如莲座一般端庄优雅，有"藤本皇后"之美称。

市场价位：★★★☆☆　　光照指数：★★★★☆　　施肥指数：★★☆☆☆
栽培难度：★★☆☆☆　　浇水指数：★★★☆☆　　病虫指数：★★☆☆☆

病虫害防治：枯萎病发病后应尽快剪除病枝，并集中烧毁，彻底消毒工具，生长期每月喷施 75% 甲基托布津 800 倍液；粉霉病与病毒病可喷洒 10% 抗菌剂 401 醋酸 1000 倍液防治。虫害主要为红蜘蛛、蚜虫与潜叶蝇等。

月份	1月	2月	3月	4月	5月	6月	7月	8月	9月	10月	11月	12月
全年花历												
生长期	❀	❀	🌱	❀	❀	❀	🍃	🍃	🍃	🍃	🍃	❀
光照	☀	☀	☀	☀	☀	☀	☀	☀	☀	☀	☀	☀
浇水	💧	💧	💧	💧	💧	💧	💧	💧	💧	💧	💧	💧
施肥	▨	▨	▨	▨	▨	▨	▨	▨	▨	▨	▨	▨
病虫害			🐞	🐞	🐞	🐞	🐞	🐞	🐞	🐞		
繁殖	🪴	🪴	🌰	🌰	🌰				🌱	🌱		
修剪	✂	✂	✂			✂	✂					

🌱 种植小贴士

小苗用口径20cm带底孔的陶盆，大苗使用木制或陶制大花盆，选用排水性好、弱碱性的肥沃基质。购买成苗应将原土球完整放入盆内，添土后浇透水即可。

不耐旱，忌积水，生长期"干透浇透"，休眠期保持基质湿润即可，基部、叶面花朵都不能积水。

宜薄肥勤施，每月喷洒2～3次水溶性复合肥，花季追施磷肥促进开花。

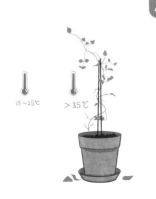

喜温，耐寒，适生温度15～25℃，高于35℃发黄落叶，5℃以下时休眠。

喜光，夏季适当遮阴。根系喜凉，基质上可覆盖3～5cm厚的树皮、苔藓等，花盆要避免强烈光照。

花后修枝，注意不要剪掉木质化枝条，并调整支架攀爬。每年休眠期换大一号花盆。

龙面花
Nemesia strumosa

❊

不伪装的心　过去的回忆

【株高】约60cm

【生长类型】二年生草本

【别名】耐美西亚、囊距花、爱蜜西

【花期】4—6月

【科属】玄参科龙面花属
【适应地区】长江以南地区可室外越冬

【观赏效果】生长快，开花时间长，且自带淡淡的香味。品种多，花色也多，花朵成束开放，密密麻麻布满株丛。虽然较为小众，却凭借好养、易爆花、耐寒等优秀特性集聚了超高人气，深受花友们喜爱。

市场价位：★★☆☆☆　　光照指数：★★★★★　　施肥指数：★★☆☆☆
栽培难度：★☆☆☆☆　　浇水指数：★★★☆☆　　病虫指数：★★☆☆☆

病虫害防治：常见病害有灰霉病和菌核病，发现后尽快把病叶、病枝剪掉，避免感染其他枝条，并用速克灵、菌核净等进行防治。

月份	1月	2月	3月	4月	5月	6月	7月	8月	9月	10月	11月	12月
全年花历												
生长期	🌱	🌱	🌱	✿	✿	✿			▒	▒	▒	🌱
光照	☀	☀	☀	☀	☀	☀			☀	☀	☀	☀
浇水	💧	💧	💧	💧	💧	💧			💧	💧	💧	💧
施肥	◈	◈	◈	◈	◈	◈					<u>◈</u>	◈
病虫害	🐛	🐛	🐛	🐛	🐛	🐛						🐛
繁殖					🌱	🌱			🌰	🌰		
修剪	✋	✋	✋	✂	✂	✂	✋					✋

1　秋播种植，喜疏松肥沃、排水良好的砂壤土，不挑花盆。

2　浇水"见干见湿"，从边缘注入，不要浇在植株中间。高温时可喷雾降温，冬季保持土壤偏干。

3　生长期每半月施1次氮磷钾肥，花期施磷钾肥。

4　生长适温15 ~ 30℃，低于0℃需移入室内。喜光，冬季仍需阳光照射。盆花放置间距不可过密，否则分枝易细长软弱。

5　生长期多次摘心，可使株型饱满，每一波花后齐剪到一半高度，可使下一波开花更为整齐。

蝴蝶兰
Phalaenopsis aphrodite

❀

清雅　高洁

【株高】50 ~ 80cm
【生长类型】多年生草本

【花期】4—6 月
【别名】蝶兰、金环草、分筋草

【科属】兰科蝴蝶兰属
【适应地区】华南地区可室外越冬

【观赏效果】植株奇特，高雅大气，叶片短而宽阔，花朵颜色艳丽，灵动可爱，在长长的花枝上宛如一只只翩翩飞舞的蝴蝶，花期较长。

市场价位：★★★★☆　　光照指数：★★☆☆☆　　施肥指数：★★★☆☆
栽培难度：★★★☆☆　　浇水指数：★☆☆☆☆　　病虫指数：★★★☆☆

病虫害防治：常见病虫害以物理防治为主，及时摘除病虫叶并集中销毁，可使用粘虫板诱杀害虫。

全年花历

月份	1月	2月	3月	4月	5月	6月	7月	8月	9月	10月	11月	12月
生长期	🌱	🌱	🌱	✿	✿	✿	🌱	🌱	🌱	🌱	🌱	🌱
光照	☀	☀	☀	☀	☀	☀	☀	☀	☀	☀	☀	☀
浇水	💧	💧	💧	💧	💧	💧	💧	💧	💧	💧	💧	💧
施肥		🧴	🧴	🧴	🧴	🧴			🧴	🧴	🧴	
病虫害			🪲	🪲	🪲	🪲	🪲	🪲	🪲	🪲		
繁殖							🪴					
修剪						✂🌿						

🏷 种植小贴士

1. 附生植物，宜由轻质、疏松、排水良好的水苔、树皮、苔藓和陶粒等组成基质，在偏小的花盆里栽植。

2. 喜湿润，忌积水，怕干旱。浇水"见干见湿"，干燥时可向叶片喷雾增加空气湿度。

3. 生长期每周施用液肥，建议使用专用肥，花期改施磷钾肥，冬季和盛夏休眠时停止施肥。

4. 喜高温，不耐寒，生长适温15～30℃，夏季高温要加强通风。

5. 喜半阴环境和散射光，怕强光直射。

6. 花后及时剪掉残花，翻盆换土，修剪枯烂死根。

PART
3

夏季开花植物

夏季养花要点

夏季炎热多雨，是喜热花卉最好的生长季节，但对喜温凉花卉来说，则是夏眠期。

防暑遮阴

性喜凉爽、怕高温的花卉在华南地区较难度夏，宜尽量摆放在阴凉位置，并采取喷雾、叶面喷水等措施降温。

一二年生花卉需要充足的阳光；阴生花卉怕强烈光线，应放在遮阴的地方。

通风

通风不良多发生在封闭阳台中，除开窗透气外，还可加大植株种植距离、扩大盆花摆放间距，或用架子或底座垫高盆栽，都能增加空气流动。

台风多发地区，台风来临前应加固盆花或移到避风处，以免坠落。

防雨

夏季多雨，要将那些不宜淋雨的植株置于避雨处进行遮挡，以免造成花卉死亡。雨后及时排水，或在雨前先将花盆略微倾斜，以免积水过多，待雨后再将花盆扶正。

矮牵牛

Petunia × hybrida

❀

安心温馨　与你同心

【株高】20 ～ 45cm

【生长类型】多年生草本

【花期】4—10月

【别名】牵子花、碧冬茄

【科属】茄科矮牵牛属
【适应地区】华南地区可室外越冬

【观赏效果】自然分枝多，株型紧凑美观，可塑性强。花大而多，色彩丰富，生长快，春、夏、秋三季能持续开花，具较高的观赏价值。

市场价位：★☆☆☆☆　　光照指数：★★★★★　　施肥指数：★★★★☆
栽培难度：★★☆☆☆　　浇水指数：★★★★☆　　病虫指数：★★☆☆☆

病虫害防治： 主要有叶斑病、灰霉病等，可用 75% 百菌清可湿性粉剂 600 倍液、多菌灵、甲基托布津等喷药防治，每周 1 次，连喷 2 ～ 3 次。虫害有白粉虱、蚜虫等，可在土中埋入 3% 呋虫胺颗粒剂预防，也可用 2g 洗衣粉加 500g 水对虫体喷雾。

PART 3　夏季开花植物

月份	1月	2月	3月	4月	5月	6月	7月	8月	9月	10月	11月	12月
全年花历												
生长期	叶	叶	叶	花	花	花	花	花	花	花	叶	叶
光照	☀	☀	☀	☀	☀	☀	☀	☀	☀	☀	☀	☀
浇水	💧	💧	💧	💧	💧	💧	💧	💧	💧	💧	💧	💧
施肥	肥	肥	肥	肥	肥	肥	肥	肥	肥	肥	肥	肥
病虫害				虫	虫	虫	虫	虫	虫	虫		
繁殖			种	种	种	种	种	种	种			
修剪			手	剪	手	手	剪	剪	剪	剪	手	

种植小贴士

1 22～24℃时四季均可播种，4～7天出苗，也可在春、秋两季扦插。选择疏松肥沃、透气性好、排水良好的土壤。

2 怕雨涝，浇水"见干见湿"。高温时早晚浇水保持盆土湿润，雨季注意排水。

3 喜肥，除缓释基肥外，生长期和花期都要薄肥勤施。

4 喜温暖，怕冷，能耐35℃以上高温，低于4℃搬到室内。

5 属长日照植物，耐晒，光照不足易徒长。

6 生长期反复打顶可使株型圆润饱满，及时清理败花促使复花。

大花马齿苋

Portulaca grandiflora

❀

热烈　忠诚　阳光

【株高】15 ~ 25cm

【生长类型】一年生肉质草本

【花期】6—9月

【别名】太阳花、午时花、半支莲

【科属】马齿苋科马齿苋属
【适应地区】华南地区可室外越冬

【观赏效果】生长强健，管理粗放，花色丰富、色彩鲜艳，见阳光开花，早、晚和阴天时闭合，故有"太阳花""午时花"之称。

市场价位：★☆☆☆☆ ｜ 光照指数：★★★★★ ｜ 施肥指数：★★☆☆☆
栽培难度：★☆☆☆☆ ｜ 浇水指数：★★★☆☆ ｜ 病虫指数：★☆☆☆☆

病虫害防治：病害较少，常见虫害为蚜虫，可在发芽前、花芽膨大期喷药，喷施吡虫啉4000 ~ 5000 倍液防治。

月份	1月	2月	3月	4月	5月	6月	7月	8月	9月	10月	11月	12月
生长期				🌱	🌱	✿	✿	✿	✿	🌱		
光照				☀	☀	☀	☀	☀	☀	☀		
浇水				💧	💧	💧	💧	💧	💧	💧		
施肥				🧴	🧴	🧴	🧴	🧴	🧴	🧴		
病虫害				🐞	🐞	🐞	🐞	🐞	🐞			
繁殖				🌰	🌰	🌰	🌰	🪴	🪴	🪴		
修剪					✂	✂	✂	✂	✂	👍		

全年花历

🔨 种植小贴士

1

园土　腐叶土
瓦片　粗沙

不挑盆土，可用园土、腐叶土和粗沙混合栽培，花盆底部垫上瓦片以利排水。

2

喜稍微干燥的环境，生长期浇水"干透浇透"，盛夏增加浇水次数。

3

耐贫瘠，日常 1～2 周追施 1 次稀薄液肥，入秋后适当增加次数，利于积累养分。

4

18~30℃

<10℃

喜温暖，适生温度 18～30℃，不耐寒，低于 10℃应移至南向窗台。喜光，应置于阳光充足的位置。

5

生长较快，生长期要经常剪去密集或孱弱的枝条，保证植株通风透光。

倒挂金钟

Fuchsia hybrida

❀

相信爱情 热烈的心

【株高】30 ~ 150cm

【生长类型】亚灌木

【花期】4—10月

【别名】铃儿花、吊钟海棠、灯笼花

【科属】柳叶菜科倒挂金钟属

【适应地区】北方地区需室内越冬

【观赏效果】花型奇特，通常成双成对生长在茎枝顶端的叶腋间，花色多为红色和紫红色。开花像小灯笼，非常符合中国人的审美，且花期长，因花朵悬垂，故名"倒挂金钟"。

市场价位：★★☆☆☆　　光照指数：★★★★☆　　施肥指数：★★★☆☆

栽培难度：★★★★☆　　浇水指数：★★★★☆　　病虫指数：★★★☆☆

病虫害防治： 常见病害有灰霉病，可用1：1：200的波尔多液或65%代森锰锌600倍液喷施防治。虫害主要有红蜘蛛、白粉虱和蚜虫等，可喷洒40%乐果乳剂800倍液和10%吡虫啉2000 ~ 2500倍液防治，连喷3 ~ 4次。

月份	1月	2月	3月	4月	5月	6月	7月	8月	9月	10月	11月	12月
全年花历												
生长期	🍃	🍃	🍃	✿	✿	✿	✿	✿	✿	✿	🍃	🍃
光照	☀	☀	☀	☀	☀	☀	☀	☀	☀	☀	☀	☀
浇水	💧	💧	💧	💧	💧	💧	💧	💧	💧	💧	💧	💧
施肥	◇	◇	◇	◇	◇	◇	◇	◇	◇	◇	◇	◇
病虫害				🐞	🐞	🐞	🐞	🐞	🐞	🐞	🐞	
繁殖			🪴🌱	🪴🌱					🪴🌱	🪴🌱		
修剪			✋	✂	✂	✂	✂	✂	✋	✂		

🪏 种植小贴士

1 喜肥沃，以排水良好、富含腐殖质的微酸性轻黏性土壤为佳，花盆直径和深度以20cm为宜。

2 喜湿润环境，稍耐干旱，生长季节浇水"见干见湿"。夏季可早晚喷水保持空气湿度，冬季控水。

3 耐瘠薄，每周追施稀薄复合液肥可促进生长和开花，夏季高温时停止追肥。

4 喜凉爽，怕高温，生长适温15 ~ 25℃，低于5℃易受害，夏季高温易热死。

5 耐阴，遮阴条件下叶色浓绿，但开花较差。怕强光，夏季需遮阴。

6 苗期多次摘心促进分枝，生长期、花后经常修剪控制株型，保证通风。

桔梗

Platycodon grandiflorus

❀

永恒的爱 无望的爱

【株高】60 ~ 100cm

【生长类型】多年生草本

【花期】7—9月

【别名】铃铛花、包袱花

【科属】桔梗科桔梗属
【适应地区】全国各地广泛栽培

【观赏效果】株型曼妙飘逸，花朵大，颜值高，姿态优雅美丽。花色蓝紫，也有粉色、白色等品种，被誉为"花中处士，不慕繁华"。

市场价位：★★★☆☆　　光照指数：★★★★☆　　施肥指数：★★★☆☆

栽培难度：★★☆☆☆　　浇水指数：★★★☆☆　　病虫指数：★★★☆☆

病虫害防治：常见病害有根腐病、紫纹羽病、炭疽病和斑枯病等，可用 70% 甲基托布津可湿性粉剂或 50% 多菌灵可湿性粉剂 800 ~ 1000 倍液防治。虫害有蚜虫、红蜘蛛等，可用 40% 氧化乐果 1000 倍液或 5% 阿维菌素 1000 倍液防治。

全年花历

月份	1月	2月	3月	4月	5月	6月	7月	8月	9月	10月	11月	12月
生长期	🌱	🌱	🌱	🌱	🌱	🌱	✿	✿	✿	🌱	🌱	🌱
光照	☀	☀	☀	☀	☀	☀	☀	●	☀	☀	☀	☀
浇水	💧	💧	💧	💧	💧	💧	💧	💧	💧	💧	💧	💧
施肥		🥄	◆	◆	◆	◆	◆	◆	◆	◆	◆	
病虫害		🐞	🐞	🐞	🐞	🐞	🐞	🐞	🐞	🐞		
繁殖			🪴🪴	🫘								
修剪				✋			✂🌻	✂🌻	✂🌻	✂🌻		

🔨 种植小贴士

喜肥沃湿润、排水良好、较疏松的土壤，可用腐叶土5份、园土3份、有机肥及河沙各1份混合成基质栽培。

耐旱，不耐涝，浇水"干透浇透"，生长旺季适当增加浇水次数。

耐贫瘠，除基肥外，每1～2周追施1次稀薄液肥，长出花苞后增施磷钾肥。

喜凉爽环境，耐寒，生长适温15～25℃。

耐半阴，但喜阳，除夏季遮阴外，平时应放在窗台等光照充足的地方。

幼苗时适当打顶促侧枝，及时摘除残花，花量减少时修剪保持株型。每年春季生长前换盆。

蓝花丹
Plumbago auriculata

❀

冷淡忧郁

【株高】修剪控制大小

【生长类型】常绿亚灌木

【花期】7—9月

【别名】蓝花丹、角柱花、山灰柴

【科属】白花丹科白花丹属
【适应地区】南方地区可室外越冬

【观赏效果】生性强健，病虫害极少，叶色翠绿。淡蓝色的小花颜色淡雅，花瓣形似雪花。花期较长，是出了名的"开花机器"，温暖地区可四季开花。

市场价位：★★☆☆☆　　光照指数：★★★★☆　　施肥指数：★★★★☆

栽培难度：★★☆☆☆　　浇水指数：★★★★☆　　病虫指数：★☆☆☆☆

病虫害防治：常见病害有白粉病、霜霉病，白粉病发病初期喷施 25% 粉锈宁 2000 倍液或 70% 甲基托布津 1000 倍液，霜霉病可用 75% 百菌清可湿性粉剂 800 倍液防治。虫害主要是螨虫类，可施用杀螨剂防治。

月份	1月	2月	3月	4月	5月	6月	7月	8月	9月	10月	11月	12月
全年花历												
生长期	🌱	🌱	🌱	🌱	🌱	🌱	🌸	🌸	🌸	🌱	🌱	🌱
光照	☀	☀	☀	☀	☀	●	☀	●	☀	☀	☀	☀
浇水	💧	💧	💧	💧	💧	💧	💧	💧	💧	💧	💧	💧
施肥	🧪	🧪	🧪	🧪	🧪	🧪	🧪	🧪	🧪	🧪	🧪	🧪
病虫害			🐞	🐞	🐞	🐞	🐞	🐞	🐞	🐞		
繁殖			🪴	🌰	🌰	🌰						
修剪					✂	✂	✂	✂	✂	✂	✂	

🛠 种植小贴士

1　以疏松透气、透水性好的土壤为佳，如在营养土的基础上混合蛭石、珍珠岩等。

蛭石、珍珠岩

2　喜湿润，不耐干燥，浇水"见干见湿"，春、秋两季每天浇水，夏季高温时早晚浇水，可喷水增加空气湿度。

3　喜肥，除基肥外要薄肥勤施，每1～2周追施液肥，花期增施磷钾肥。

4　喜温暖，不耐寒，适生温度22～25℃，5℃以下移入室内。

22~25℃　<5℃

5　喜光照，也耐阴，但保证直射光能促进持续开花，盛夏时需适当遮阴。

6　春季打顶促枝，花后及时剪掉花梗，春、秋两季温暖时均适合换盆。

69

六出花
Alstroemeria 'Hybrida'

❀

【别名】秘鲁百合、水仙百合

【花期】6—8月

【株高】修剪控制大小

【生长类型】多年生草本

永远的思念 期待相逢

【科属】六出花科六出花属
【适应地区】华南地区可室外越冬

【观赏效果】株型像杜鹃又像水仙，茎和叶子则像百合，花瓣香味浓郁、色泽亮丽、宽而舒展，形似蝴蝶，新颖奇特，因具罕见的六片花瓣而得名。

市场价位：★★☆☆☆　　光照指数：★★★★☆　　施肥指数：★★★☆☆
栽培难度：★★★☆☆　　浇水指数：★★★☆☆　　病虫指数：★★★☆☆

病虫害防治：常见病害有根腐病、灰霉病、叶斑病等，可用 65% 代森锌可湿性粉剂 600 倍液或 75% 百菌清 500 倍液喷杀。虫害有蚜虫、红蜘蛛、蓟马等，可用 40% 氧化乐果 1500 倍液或 25% 倍乐霸可湿性粉剂 1500 倍液喷杀。

月份	1月	2月	3月	4月	5月	6月	7月	8月	9月	10月	11月	12月
全年花历												
生长期	🍃	🍃	🍃	🍃	🍃	✿	✿	✿	🍃	🍃	🍃	🍃
光照	☀	☀	☀	☀	☀	☀	☀	●	☀	☀	☀	☀
浇水	💧	💧	💧	💧	💧	💧	💧	💧	💧	💧	💧	💧
施肥		🌼	🌼	🌼	🌼	🌼			🌼	🌼		
病虫害			🐛	🐛	🐛	🐛	🐛	🐛	🐛	🐛	🐛	
繁殖			🫘						🫘	🪴 🪴		
修剪				✂		✂	✂🌸	✂🌸				

🏷️ **种植小贴士**

喜深厚、疏松肥沃且排水良好
的微酸性土壤，以口径20cm
左右的陶盆种植为宜。

喜湿润，稍耐旱，长期湿润易
烂根。花后休眠期停止浇水，
秋凉后萌发恢复浇水。

除基肥外，每1~2周追施1次
稀薄液肥，夏季炎热处于半休
眠状态，减少施肥。

18～25℃

喜温暖，怕炎热，不耐寒，生
长适温18～25℃，低于10℃易
冻伤。

长日照植物，除盛夏遮阴外均需
充足光照，冬天置于南向窗台处。

清理残枝时要从最基部拔出，
过于茂盛时要适当疏叶。做好
通风管理，两年换盆1次。

美女樱

Glandularia × hybrida

❀

相守 和睦家庭

【株高】25 ~ 30cm

【生长类型】多年生草本

【花期】5—10月

【别名】紫花美女樱

【科属】马鞭草科美女樱属

【适应地区】华南地区可室外越冬

【观赏效果】株型紧凑，茎秆矮壮，伞房状的花姿秀丽可爱。花色丰富，有白、粉、红、紫、蓝、复色等品种，花香淡雅，花瓣有着类似于樱花花瓣的缺刻，花期极长。

市场价位：★★☆☆☆ 　光照指数：★★★★★ 　施肥指数：★★★☆☆
栽培难度：★★☆☆☆ 　浇水指数：★★★★☆ 　病虫指数：★★★☆☆

病虫害防治： 主要有白粉病、灰霉病和茎腐病，可分别喷施50% 退菌特800 ~ 1000 倍液、甲基托布津可湿性粉剂 800 倍液、75% 百菌清 600 ~ 800 倍液防治。蚜虫和粉虱可用 2.5% 鱼藤精乳油 800 倍液或 40% 氧化乐果 800 ~ 1000 倍液防治。

全年花历												
月份	1月	2月	3月	4月	5月	6月	7月	8月	9月	10月	11月	12月
生长期	🌱	🌱	🌱	🌱	❀	❀	❀	❀	❀	❀	🌱	🌱
光照	☀	☀	☀	☀	☀	☀	☀	☀	☀	☀	☀	☀
浇水	💧	💧	💧	💧	💧	💧	💧	💧	💧	💧	💧	💧
施肥		🧴	🧴	🧴	🧴	🧴	🧴	🧴	🧴	🧴		
病虫害		🐞	🐞	🐞	🐞	🐞	🐞	🐞	🐞	🐞	🐞	
繁殖			🪴		🌱	🌱			🪴			
修剪				✋	✋	✂	✂	✂	✂	✂	✂	

🏷 种植小贴士

1 对土壤要求不高，喜疏松、排水性好，可用园土、腐叶土、河沙各1份混合配制，也可使用通用营养土。

2 浅根系植物，水分需求大，光照充足时每天浇水2～3次。

3 薄肥勤施，除缓释基肥外，生长期每2周追施液肥。花期可用通用肥和促花肥交替喷洒茎叶，浇灌盆土。

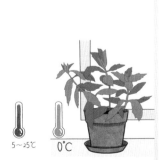

4 耐高温，稍耐寒，生长适温5～25℃，0℃以下移入室内。

5 喜阳、耐晒也耐阴，保证直射阳光才能保证长势和花量。

6 苗期打顶并剪掉花苞，花量减少时即可修剪，保留植株的2/3，快要开败的花也要及时修剪。

莫娜紫香茶菜

Plectranthus ecklonii 'Mona Lavender'

❀

期待美好的恋情

【株高】可达 100cm

【生长类型】多年生草本

【花期】8—10月

【别名】特丽莎、紫凤凰、莫纳熏衣草

【科属】唇形科马刺花属

【适应地区】南方地区可室外越冬

【观赏效果】叶面为绿色，叶背为紫色，有淡淡清香。蓝紫色花序修长秀丽，花朵会开成一串串的，花期长，是特别容易养护的一种植物。

市场价位：★★★☆☆　　光照指数：★★★★☆　　施肥指数：★★★☆☆

栽培难度：★★☆☆☆　　浇水指数：★★★☆☆　　病虫指数：★☆☆☆☆

病虫害防治：病虫害较少，通风不良、环境潮湿会导致叶斑病、茎腐病和根腐病等，高温多湿季节要加强通风。偶有白粉虱、蚜虫或红蜘蛛等，量少可人工清除。

月份	1月	2月	3月	4月	5月	6月	7月	8月	9月	10月	11月	12月
全年花历												
生长期	🌱	🌱	🌱	🌱	🌱	🌱	🌱	❁	❁	❁	🌱	🌱
光照	☀	☀	☀	☀	☀	☀	☀	●	☀	☀	☀	☀
浇水	💧	💧	💧	💧	💧	💧	💧	💧	💧	💧	💧	💧
施肥		⬧	⬧	⬧	⬧	⬧	⬧	⬧	⬧	⬧		
病虫害	🐞	🐞	🐞	🐞	🐞	🐞	🐞	🐞	🐞	🐞	🐞	🐞
繁殖			🪴						🌱			
修剪				✂	✂	✋	✋	✂❁	❁✂	✂	✂	

🔨 种植小贴士

粗沙　珍珠岩

不挑盆土，可在园土和腐叶土的基础上混合珍珠岩或粗沙。长势旺盛，应选用稍大的花盆。

喜湿润，浇水"见干见湿"，除冬季外要经常检查盆土，及时浇透。

肥料

每2周追施液肥，花期增施磷钾肥。

18~28℃

>-5℃

喜凉爽，适生温度18～28℃，-5℃以上可安全越冬，但地上植株会枯萎。

耐半阴，喜光照，最好能养在阳光充足的位置，除盛夏外不需遮阴。

经常摘心、打顶，保证通风，促进侧枝萌发。花后剪掉残花，促使不停开花。

天竺葵
Pelargonium hortorum

❀

偶然相遇　幸福在身边

【科属】牻牛儿苗科天竺葵属
【适应地区】华南地区可室外越冬

【株高】约60cm
【生长类型】多年生草本

【花期】5—7月
【别名】臭海棠、洋绣球、石腊红、洋葵

【观赏效果】植株低矮，品种繁多，适应性强。花色鲜艳，花期长，形似绣球，花团紧密圆润，有"富贵招财"之意。香味还可以起到驱蚊的效果。

市场价位：★★☆☆☆　　光照指数：★★★★☆　　施肥指数：★★☆☆☆

栽培难度：★★☆☆☆　　浇水指数：★★★☆☆　　病虫指数：★★☆☆☆

病虫害防治：常见病害有叶斑病，日常可土埋杀菌剂噻呋酰胺和杀虫剂呋虫胺预防，梅雨过后可用多菌灵灌根，发病时及时修剪病枝并喷洒波尔多液。易生蚜虫，可用吡虫啉喷杀。

全年花历												
月份	1月	2月	3月	4月	5月	6月	7月	8月	9月	10月	11月	12月
生长期	🌱	🌱	🌱	🌱	❀	❀	❀	⚬	🌱	🌱	🌱	🌱
光照	☀	☀	☀	☀	☀	●	●	●	☀	☀	☀	☀
浇水	💧	💧	💧	💧	💧	💧	💧	💧	💧	💧	💧	💧
施肥			◇	◇	◇	◇		◆	◆	◇	◇	
病虫害		🐞	🐞	🐞	🐞	🐞	🐞	🐞		🐞	🐞	
繁殖			🌱					🪴	🌱			
修剪		✂	✂	✂	✂	✂	✂	✂	✂			

🪏 种植小贴士

1 除较小品种外，宜选用25cm口径大花盆，用疏松透气且有一定肥力的沙质壤土。春、秋季小盆播种，覆土不宜深，也可扦插繁殖，成苗后移至大盆。

2 喜燥恶湿，避免积水，春、秋生长期浇水"见干见湿"，冬、夏休眠期"干透浇透"。

3 不喜大肥，宜薄肥勤施，以稀薄氮磷钾三元肥为主。春季长花苞时可补充磷钾肥，夏、冬两季停止施肥。

4 性喜冬暖夏凉，适生温度10～20℃，高于30℃休眠，低于0℃会冻伤。

5 喜光，除夏季需遮阴外，其他季节均需光照充足才能保证开花。若冬季保持15℃以上，阳光充足、水肥合理也能开花。

6 苗高10 cm后，经过多次摘心能促使株型饱满，每年早春、初夏和秋后修剪疏枝，花期及时剪除已谢花朵。

绣球

Hydrangea macrophylla

❀

健康 美满 团圆

【株高】50～150cm
【生长类型】灌木

【花期】6—8月
【别名】八仙花、紫阳花

【科属】绣球花科绣球属
【适应地区】华北以南地区可室外越冬

【观赏效果】花型丰满，叶片肥大，枝叶繁茂，品种繁多。花大而美丽，宛如大绣球，花色随土壤酸碱度的变化能红能蓝，令人悦目怡神，还有"八仙过海，各显神通"的寓意。

市场价位：★★★★☆　　光照指数：★★★★★　　施肥指数：★★★★☆
栽培难度：★★☆☆☆　　浇水指数：★★★★☆　　病虫指数：★★☆☆☆

病虫害防治：白粉病可喷施 15% 粉锈宁可湿性粉剂 1000 倍液；叶斑病发病前可用 0.5% 波尔多液喷雾预防，早期发现病叶及时摘除，发病初期可用 50% 多菌灵 500 倍液防治。蚜虫可使用 10% 吡虫啉 4000～6000 倍液喷雾喷杀。

月份	1月	2月	3月	4月	5月	6月	7月	8月	9月	10月	11月	12月
生长期	🍃	🍃	🍃	🍃	🍃	🌼	🌼	🌼	🍃	🍃	🍃	🍃
光照	☀	☀	☀	☀	☀	☀	☀	☀	☀	☀	☀	☀
浇水	💧	💧	💧	💧	💧	💧	💧	💧	💧	💧	💧	💧
施肥	🧂	🧂	🧂	🧂	🧂	🧂	🧂	🧂	🧂	🧂	🧂	🧂
病虫害						🐞	🐞	🐞	🐞	🐞		
繁殖			🌱	🌱	🌱							
修剪						✂	✂	✂				

全年花历

🛠 种植小贴士

1

选疏松肥沃、排水良好的砂质土壤，种植于半阴有光线照射的地方，覆土浇透水。后期可扦插或分株繁殖。

2

碱性土　酸性土

在酸性土中种植，花呈蓝色，在碱性土中种植，花呈红色，可于冬季和早春施硫酸铝肥等调色。

3

生长适温 18～28℃，喜湿，怕涝，保持土壤湿润不积水，高温季节每天向叶片喷水。

4

较喜肥，可在基质中加入控释肥，生长期每周施 1 次氮肥或平衡水溶肥，现蕾后施高磷钾肥。植株容易缺铁出现叶片发黄现象，建议施用含微量元素的水溶肥补充。

5

植株长到 10～15cm 时摘心促腋芽萌发。大多为老枝开花，花后应及时修剪，可短截，保留底部饱满的芽点和粗壮枝条。

百合类

Lilium spp.

❀

百年好合　百事合意

【株高】70~150cm

【生长类型】球根花卉

【花期】6—9月

【别名】山百合、香水百合

【科属】百合科百合属

【适应地区】华北及以南地区可室外越冬

【观赏效果】株型雅致，叶片青翠娟秀，花朵硕大、娇美，香气浓郁，深受人们喜爱，是名贵的切花新秀，也是婚礼用花的首选。

市场价位：★★☆☆☆　　光照指数：★★★★☆　　施肥指数：★★★☆☆

栽培难度：★★★☆☆　　浇水指数：★★★☆☆　　病虫指数：★★★☆☆

病虫害防治： 常见病害有灰霉病、叶枯病、黑胫病等，可定期喷洒 50% 多菌灵可湿性粉剂 800 倍液预防。虫害主要为蚜虫，可用广谱性杀虫剂防治。

月份	1月	2月	3月	4月	5月	6月	7月	8月	9月	10月	11月	12月
全年花历												
生长期	●	●	●	🌱	🌱	✿	✿	✿	✿	🌱	🌱	●
光照	☀	☀	☀	☀	☀	☀	☀	☀	☀	☀	☀	☀
浇水			💧	💧	💧	💧	💧	💧	💧	💧		
施肥		◆	◆	◆	◆	◆	◆	◆	◆	◆		
病虫害				🐛	🐛	🐛	🐛	🐛	🐛	🐛	🐛	
繁殖									🌷	🌷		🌷
修剪					🌿	✂	✂	✂	✂			

🔨 种植小贴士

1 栽种 3 个种球宜用口径 20cm 以上花盆，盆底铺砾石，以排水良好的肥沃沙壤土为好。

2 选择经过春化的矮小品种，修剪枯、烂根，浸泡消毒后在盆中埋深 10cm 以上。

3 喜湿润，浇水"干透浇透"。花前每周施用复合肥，现蕾后可增施磷钾肥，开花后停止施肥可延长花期，花谢后持续补充磷钾肥养球。

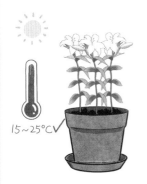

4 喜凉爽，适生温度 15 ~ 25℃。长日照植物，最好有充足直射光，但高于 30℃应搬到遮阴通风环境。

5 若植株较高，则应提供支撑，花后及时剪掉残花防止结籽，待枝叶枯萎后搬到阳光充足且干燥处休眠。两广地区需起球放冰箱冷藏 40 天以上春化。

PART
4

秋季开花植物

秋季养花要点

秋天气温慢慢下降,做好养护工作能帮助花卉更好地越冬。

温度和光照

随着秋季气温逐渐降低,北方的大部分花卉慢慢进入休眠状态,而南方花卉仍处于生长旺盛的季节。

喜热花卉要注意防寒,提早入室越冬,并让花卉适当接受耐寒锻炼。

秋后日照减弱,一般花木都要晒太阳,入冬之后能增加植株的抗寒能力。

种子采收

秋季是果实与种子成熟的季节,以主干或主枝上早开的花所结的种子质量最好。

采种后将其晾干并放在阴凉、干燥、通风的地方贮藏。

种球保存

有些具球茎、鳞茎、地下根状茎的花卉,如花叶芋、大岩桐等,应将地下茎从土中挖出,晾干 2 ~ 3 天后放在保温、空气流通、湿润的室内贮藏。

垂茉莉

Clerodendrum wallichii

永不相负

【科属】唇形科大青属
【适应地区】华南地区可室外越冬

【株高】修剪控制大小
【生长类型】直立灌木或小乔木

【花期】10月至翌年4月
【别名】黑叶龙吐珠、节枝常山、垂丝茉莉

【观赏效果】枝条纤细，花朵形似白蝴蝶，花序下垂，像瀑布一样仙气飘飘，且花香扑鼻。果成熟后呈光亮紫黑色，由增大、增厚的紫红色花萼衬托着，故有"黑叶龙吐珠"之名。

市场价位：★★★☆☆　　光照指数：★★★☆☆　　施肥指数：★★★★☆
栽培难度：★★☆☆☆　　浇水指数：★★★☆☆　　病虫指数：★★★☆☆

病虫害防治：病虫害较少，土壤持续潮湿易导致根腐病，日常注意通风，控制浇水量，定期检查植株生长状况。

月份	1月	2月	3月	4月	5月	6月	7月	8月	9月	10月	11月	12月
生长期	❀	❀	❀	❀	🌱	🌱	🌱	🌱	🌱	❀	❀	❀
光照	☀▮	☀▮	☀	☀	☀	☀	☀	☀	☀	☀	☀▮	☀▮
浇水	💧	💧	💧	💧	💧	💧	💧	💧	💧	💧	💧	💧
施肥	🝖	🝖	🝖	🝖	🝖	🝖	🝖	🝖	🝖	🝖	🝖	🝖
病虫害			🐞	🐞	🐞	🐞	🐞	🐞	🐞	🐞	🐞	
繁殖			🪴	🪴								
修剪				✂❀		👆🌿		👆🌿				

全年花历

🛠 种植小贴士

以微酸性、保水保肥能力较强的园土或肥沃疏松的沙质壤土为好，可用通用营养土和园土1：1混合后种植。

较耐旱，日常浇水"干透浇透"，夏季浇水"见干见湿"。

基肥要足，每2周追施稀薄液肥，夏季每周追施促进生长，花期增施磷钾肥。

喜温暖，怕霜冻，生长适温18～28℃，低于5℃易受冻害。

喜光，也耐半阴，为短日照植物，光照时间过长影响开花。

夏季打顶促进分枝，塑造株型，花后适当修剪枯弱枝。

大花蕙兰
Cymbidium hybrid

❀

高贵雍容　丰盛祥和

【株高】30～150cm

【生长类型】附生草本植物

【花期】10月至翌年4月

【别名】喜姆比兰、蝉兰

【科属】兰科兰属
【适应地区】华南地区可室外越冬

【观赏效果】植株挺拔雄伟，叶片如修长的宝剑，花开成串，有黄、白、绿、红、粉红及复色等多种，清丽脱俗，带有生动有趣的斑纹或斑点，自带幽香。

市场价位：★★★★☆　　光照指数：★★★★☆　　施肥指数：★★☆☆☆

栽培难度：★★★☆☆　　浇水指数：★★★☆☆　　病虫指数：★★★☆☆

病虫害防治： 易感染病毒病、叶枯病和茎腐病，切除发病部位，喷洒3%甲基托布津后用5%高锰酸钾或多菌灵消毒基质。粉虱和蚧壳虫可用20%呋虫胺悬浮剂防治，蚜虫可交替喷洒氧化乐果和除虫菊酯1000倍液，螨虫可喷洒速杀螨1000～1500倍液进行消杀。

月份	1月	2月	3月	4月	5月	6月	7月	8月	9月	10月	11月	12月
生长期	🌸	🌸	🌸	🌸	🌿	🌿	🌿	🌿	🌿	🌸	🌸	🌸
光照	☀	☀	☀	☀	☀	☀	☀	☀	☀	☀	☀	☀
浇水	💧	💧	💧	💧	💧	💧	💧	💧	💧	💧	💧	💧
施肥		🧴	🧴	🧴	🧴	🧴	🧴	🧴	🧴	🧴	🧴	
病虫害			🐛	🐛	🐛	🐛	🐛	🐛	🐛	🐛		
繁殖			🪴									
修剪		✂🌻		✂🌻							✂🌻	

全年花历

🏷️ 种植小贴士

附生型，根肉质，使用兰花专用土或以松树皮混入粗椰壳作为基质，使用专用的紫砂盆等透气性好的花盆。

喜湿润，浇水要缓慢浇到盆土根茎处，保持基质微湿不积水。夏季高温时可喷水降温，冬季低温时控水。

每半年补充少量缓释基肥，撒在花盆边缘处，生长期每3周追施稀薄液肥。

18～28℃

喜冬季温暖和夏季凉爽，生长适温18～28℃，5℃以下移入室内。喜光，30℃以上注意遮阴并增加通风。

花后及时剪去残花、花茎及发黄老叶。

秋、冬季节根系挤满花盆后，可在翌年春季换稍大一号的花盆。

大丽花
Dahlia pinnata

❀

大吉大利　感激　新颖

【科属】菊科大丽花属
【适应地区】华南地区可室外越冬

【株高】矮化品种 40～50cm

【生长类型】球根花卉

【花期】6—12月

【别名】大丽菊、地瓜花、天竺牡丹

【观赏效果】世界名花，是栽培最广的观赏植物之一。株型直立挺拔、品种丰富，花朵色彩瑰丽，花型硕大多姿，花开不停，一簇簇花繁色艳惹人喜爱。

市场价位：★★☆☆☆　　光照指数：★★★★☆　　施肥指数：★★★★☆

栽培难度：★★★☆☆　　浇水指数：★★★☆☆　　病虫指数：★★☆☆☆

病虫害防治：常见病害有灰霉病、花叶病毒病等，可分别喷施 75% 百菌清可湿性粉剂 500 倍液和 50% 马拉硫磷 1000 倍液防治。虫害主要有蚜虫、红蜘蛛等，可使用 40% 乐果 1000～1500 倍液防治。

全年花历

月份	1月	2月	3月	4月	5月	6月	7月	8月	9月	10月	11月	12月
生长期	🌱土	🌱土	苗	苗	苗	花	花	花	花	花	花	花
光照	☀	☀	☀	☀	☀	☀	●	☀	☀	☀	☀	☀
浇水	💧	💧	💧	💧	💧	💧	💧	💧	💧	💧	💧	💧
施肥		🧴	🧴	🧴	🧴	🧴	🧴	🧴	🧴	🧴	🧴	🧴
病虫害			🐛	🐛	🐛	🐛	🐛	🐛	🐛	🐛	🐛	
繁殖	🪴	🌰	🌱				⚓					✂
修剪						✂	✂	✂	✂	✂	✂	✂

🪏 种植小贴士

1 园土 + 河沙 + 腐叶土

可用园土、河沙、腐叶土配制基质，选用稍大、透气且排水性较好的陶盆或泥盆。

2 忌旱、忌涝，浇水"见干见湿"，雨季要避雨。

3 喜肥，盆底垫入腐熟粪肥作为基肥，撒入培养土后栽植。日常每2周施用稀薄液肥，冒出花苞后追加适量磷钾肥。

4 15～25℃

喜凉爽气候，不耐寒，生长适温15～25℃。

5 喜光，不怕暴晒，耐半阴，长期阴蔽影响开花，30℃以上时适当遮阴。

6 宜选择矮生品种，霜冻枯萎后重剪留下老茎，翌年春季能重新萌发，也可挖出块根埋在通风沙土中来年再种。

海豚花

Streptocarpus saxorum

❀

真诚 永恒 不变的爱

【株高】15 ~ 45cm

【生长类型】多年生草本

【花期】10 月至翌年 5 月

【别名】岩海角苣苔、直立堇兰

【科属】苦苣苔科海角苣苔属
【适应地区】华南地区可室外越冬

【观赏效果】植株轻盈紧凑，可自然长成球形，养护难度低。花型雅致，开花量大，花期长，若养护得当，四季均可开放，是很好的阳台垂吊花卉。

市场价位：★★☆☆☆　　光照指数：★★☆☆☆　　施肥指数：★★☆☆☆
栽培难度：★★☆☆☆　　浇水指数：★★★☆☆　　病虫指数：★☆☆☆☆

病虫害防治：常见病害有根腐病、茎腐病等，避免使用不透气的花盆，可用 50% 多菌灵可湿性粉剂 1000 倍液灌根防治。虫害主要有蚜虫、红蜘蛛等，可使用 40% 乐果1000 ~ 1500 倍液防治。

全年花历												
月份	1月	2月	3月	4月	5月	6月	7月	8月	9月	10月	11月	12月
生长期	✿	✿	✿	✿	✿	🌱	🌱	🌱	🌱	✿	✿	✿
光照	◐	◐	◐	◐	◐	☀	☀	☀	☀	☀	☀	◐
浇水	💧	💧	💧	💧	💧	💧	💧	💧	💧	💧	💧	💧
施肥	🪣	🪣	🪣	🪣	🪣	🪣	🪣	🪣	🪣	🪣	🪣	🪣
病虫害	🪲	🪲	🪲	🪲	🪲	🪲	🪲	🪲	🪲	🪲	🪲	🪲
繁殖			🌰							⚘		
修剪	✂	✂	✂	✂	✂						✂	✂

🔨 种植小贴士

1

喜肥沃疏松的壤土，以普通园土或泥炭土作为基质时，需加砂子增加松散度和渗透性。

2

喜湿润，忌积水。较耐旱，浇水"干透浇透"，注意绒毛叶片不要碰水。

3

除基肥外，生长期每2周追施稀薄液肥，花期用通用肥和促花肥交替喷洒。

4

喜温暖、通风良好的半阴环境，生长适温 15～30℃，10℃以下搬入室内。

5

避免艳阳直射，但要保持充足的散射光，冬春季节可适当晒太阳。

6

基本不需修剪，可自然长成球形。

91

寒丁子
Bouvardia × domestica

❋

整洁 羡慕 爱的真诚

【花期】6—11月

【别名】蟹眼、十字花

【株高】30～60cm

【生长类型】常绿小灌木

【科属】茜草科寒丁子属
【适应地区】华南地区可室外越冬

【观赏效果】叶茂花繁，花量特别大，清新又略显华丽。花朵为四裂星形，聚拢成一个个小花球，有淡淡香气。花色有红、粉、白等，粉花和白花常用于婚礼花束。

市场价位：★★★☆☆　　光照指数：★★★☆☆　　施肥指数：★★★☆☆
栽培难度：★★☆☆☆　　浇水指数：★★★☆☆　　病虫指数：★★☆☆☆

病虫害防治：常见病害有白粉病、灰霉病等，加强通风，可用50% 多菌灵500～700倍液喷洒。虫害主要为蚜虫，可用10% 吡虫啉2000～2500倍液喷洒防治。

全年花历												
月份	1月	2月	3月	4月	5月	6月	7月	8月	9月	10月	11月	12月
生长期	🌱	🌱	🌱	🌱	🌱	✿	✿	✿	✿	✿	✿	🌱
光照	☀	☀	☀	☀	☀	●	●	●	☀	☀	☀	☀
浇水	💧	💧	💧	💧	💧	💧	💧	💧	💧	💧	💧	💧
施肥		🪣	🪣	🪣	🪣	🪣	🪣	🪣	🪣	🪣	🪣	
病虫害			🐞	🐞	🐞	🐞	🐞	🐞	🐞	🐞	🐞	
繁殖			🪴	🌱								
修剪				✋	✋		✂		✂		✂	

种植小贴士

① 以疏松肥沃、排水性良好的微酸性沙质壤土为佳，可用泥炭土、珍珠岩、粗砂混合而成的基质。

泥炭土　珍珠岩

② 喜湿润，不耐旱，浇水"见干见湿"，花期适当增加浇水次数，冬季控水。

③ 每隔 2 周施用通用液肥，花期增施促花肥。

④ 喜常年温暖的环境，不耐寒，生长适温 15 ~ 25℃。

/5 ~ 25℃

⑤ 喜光，但夏季要在阳光猛烈的时段遮阴。

⑥ 生长期适当修剪分枝，花后及时修剪残花。

丽格海棠

Begonia × hiemalis

✿

和蔼可亲　花开富贵

【株高】15～30cm

【生长类型】多年生草本

【花期】11月至翌年5月

【别名】丽格秋海棠、玫瑰海棠

【科属】秋海棠科秋海棠属

【适应地区】华南地区可室外越冬

【观赏效果】丽格海棠是秋海棠中最受欢迎的一个品种，植株丰满而美观，枝繁叶茂，不对称的心形叶片浓绿而光亮。其品种丰富，花姿优美，花量巨大，花色繁多，显得雍容华贵，养护得当可连续开花小半年。

市场价位：★★★☆☆　　光照指数：★★☆☆☆　　施肥指数：★★★☆☆

栽培难度：★★★★☆　　浇水指数：★★★☆☆　　病虫指数：★★★☆☆

病虫害防治： 叶斑病、灰霉病可用 75% 百菌清可湿性粉剂 800 倍液喷洒叶面；茎腐病可用 50% 多菌灵可湿性粉剂 600 倍液加 25% 甲霜灵可湿性粉剂 500 倍液防治。虫害主要有粉虱、蓟马等，可用 20% 吡虫啉可湿性粉剂 2000 倍液喷洒防治。

全年花历												
月份	1月	2月	3月	4月	5月	6月	7月	8月	9月	10月	11月	12月
生长期	❀	❀	❀	❀	❀	🌱	🌱	🌱	🌱	🌱	❀	❀
光照	☀	☀	☀	☀	☀	☀	☀	☀	☀	☀	☀	☀
浇水	💧	💧	💧	💧	💧	💧	💧	💧	💧	💧	💧	💧
施肥		🪴	🪴	🪴	🪴	🪴	🪴	🪴	🪴	🪴	🪴	🪴
病虫害			🪲	🪲	🪲	🪲	🪲	🪲	🪲	🪲	🪲	
繁殖				🌱								
修剪			✋	✋	✋				✋	✋	✋	

🛠 种植小贴士

1

可用腐叶土、椰糠和珍珠岩配制基质，选择材质透气的多孔花盆。

2

喜湿润，不耐积水，用浸盆法可避免茎叶沾水或烂根。需较高的空气湿度，干燥时应在叶片周围喷雾。

3

不耐生肥、浓肥，基肥要足，平时薄肥勤施，花前追施磷钾肥。

4

15～23℃

喜温暖，不耐低温和高温，生长适温15～23℃，不宜低于5℃。

5

短日照植物，喜散射光，但入秋后尽量给予充足光照。每2周转盆1次均匀受光，使株型周正。

6

春、秋生长旺季摘顶促侧枝萌发，日常剪掉老叶和残花，维持良好的通风环境。

松红梅
Leptospermum scoparium

❀

胜利　坚定　高升

【株高】修剪控制大小
【生长类型】常绿小灌木

【花期】11月至翌年5月
【别名】澳洲茶、松叶牡丹

【科属】桃金娘科鱼柳梅属
【适应地区】华南地区可室外越冬

【观赏效果】花有单瓣、重瓣之分，花色有红、粉红、桃红、白等多种颜色，明媚娇艳。花期极长，可从秋末一直开花到来年春末。因叶子形似松针，花朵神似梅花而得名。

市场价位：★★★★☆　　　光照指数：★★★★☆　　　施肥指数：★★☆☆☆
栽培难度：★★★☆☆　　　浇水指数：★★★☆☆　　　病虫指数：★☆☆☆☆

病虫害防治：白粉病可用白酒（酒精含量35%）1000倍液冲洗叶片，3～6天1次，连冲3～6次；黄化病可用1∶30硫酸亚铁水溶液注入土壤增加酸性。红蜘蛛和蚜虫分别用20%螨死净可湿性粉剂2000倍液、40%吡虫啉水溶剂1500～2000倍液防治。

月份	1月	2月	3月	4月	5月	6月	7月	8月	9月	10月	11月	12月
生长期	❀	❀	❀	❀	❀	🌱	🌱	🌱	🌱	🌱	❀	❀
光照	☀	☀	☀	☀	☀	●	●	●	☀	☀	☀	☀
浇水	💧	💧	💧	💧	💧	💧	💧	💧	💧	💧	💧	💧
施肥		🥄	⚗	⚗	⚗	⚗	⚗	⚗	⚗	⚗		
病虫害	🪲	🪲	🪲	🪲	🪲	🪲	🪲	🪲	🪲	🪲		🪲
繁殖			🌰	🌱						🌱		
修剪	✂	✂	✂	✂	✂	✂				✂		

全年花历

🔧 种植小贴士

对土壤要求不严，新购盆苗先缓苗至长出新叶，天暖时再换口径 20cm 以上透气性好的陶盆。

喜湿润，较耐旱，忌长期积水。浇水"见干见湿"，可通过喷雾增加空气湿度，花苞避免沾水。

除基肥外，生长期每月追施稀薄液肥即可，春秋两季可各补充 1 次缓释肥。

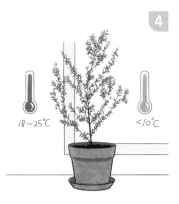

喜凉爽、阳光充足的环境，生长适温 18～25℃，耐寒性不强，低于 10℃需搬入室内。

需充足光照，但夏季高温暴晒时要注意遮阴。

花后修剪矮化树冠，如果成熟的木质化枝条不发新芽，修剪就不能过重。

星花凤梨
Guzmania lingulata
❀

【株高】约80cm

【生长类型】多年生草本

【花期】5—11月

【别名】果子蔓、姑氏凤梨、红杯凤梨

鸿运当头 节节高升

【科属】凤梨科星花凤梨属
【适应地区】华南地区可室外越冬

【观赏效果】长带状的叶片油绿光亮，穗状花序高出叶丛，由鲜红色的花茎、苞片和叶片包裹，如同红艳艳的火炬，寓意红红火火、大吉大利，极具节日气息。

市场价位：★★☆☆☆	光照指数：★★★☆☆	施肥指数：★★★☆☆
栽培难度：★★☆☆☆	浇水指数：★★★☆☆	病虫指数：★☆☆☆☆

病虫害防治：病虫害较少，定期用500倍百菌清清洗根、叶部，防止腐烂。偶有叶斑病危害，可喷洒50%多菌灵可湿性粉剂1000倍液防治。

月份	1月	2月	3月	4月	5月	6月	7月	8月	9月	10月	11月	12月
全年花历												
生长期	🌱	🌱	🌱	🌱	❀	❀	❀	❀	❀	❀	❀	🌱
光照	☀	☀	☀	☀	☀	●	●	●	☀	☀	☀	☀
浇水	💧	💧	💧	💧	💧	💧	💧	💧	💧	💧	💧	💧
施肥	🌿	🌿	🌿	🌿	🌿	🌿	🌿	🌿	🌿	🌿	🌿	🌿
病虫害			🐞	🐞	🐞	🐞	🐞	🐞	🐞	🐞	🐞	
繁殖			🪴	🪴	🌱							
修剪					✂							

🔧 种植小贴士

1

以疏松透气、排水性好的偏酸性基质为佳，可用泥炭土和珍珠岩10∶1混合而成。

2

宜用偏小花盆，若显得头重脚轻，可将其套在更大的花盆中。

3

喜高湿环境，日常浇水要浇到叶杯内，但不能喷洒在花序上。干燥季节喷雾增湿，基质保持湿润即可，不干不浇水。

4

要用无硼肥料，随水施肥。

5

喜温暖，不耐寒，生长适温18～28℃。喜光，夏季需遮阴，日常摆放在散射光明亮处也能正常生长。

6

及时去除败叶，花后剪掉变色花柱。

非洲紫罗兰

Saintpaulia ionantha

❀

永恒的爱
永远美丽

【科属】苦苣苔科非洲堇属
【适应地区】华南地区可室外越冬

【株高】15～30cm
【生长类型】多年生草本

【花期】3—10月
【别名】非洲堇、圣保罗

【观赏效果】植株矮小，气质高雅，叶片肥大，肉肉的，终年常绿，冬天也不落叶，给人四季如此的感觉。花色妩媚，花型多变，花期很长，从夏末到冬季开花不绝，养护得当可全年开花。

市场价位：★★☆☆☆　　光照指数：★★★☆☆　　施肥指数：★★★★☆
栽培难度：★★★☆☆　　浇水指数：★★★☆☆　　病虫指数：★★☆☆☆

病虫害防治： 高温多湿时，易发生枯萎病、白粉病和软腐病等，可用 10% 抗菌剂 401 醋酸溶液 1000 倍液喷雾或灌注盆土中。虫害有蚜虫、蚧壳虫和红蜘蛛，可用 40% 氧化乐果乳油 1000 倍液喷杀。

月份	1月	2月	3月	4月	5月	6月	7月	8月	9月	10月	11月	12月
全年花历												
生长期	🌱	🌱	✿	✿	✿	✿	✿	✿	✿	✿	🌱	🌱
光照	☀	☀	☀	☀	◑	☀	☀	☀	◑	◑	◑	☀
浇水	💧	💧	💧	💧	💧	💧	💧	💧	💧	💧	💧	💧
施肥	🪣	🪣	🪣	🪣	🪣	🪣	🪣	🪣	🪣	🪣	🪣	🪣
病虫害	🐞	🐞	🐞	🐞	🐞	🐞	🐞	🐞	🐞	🐞	🐞	🐞
繁殖		🌰		🪴					🌱			
修剪				✂	✂	✂	✂	✂	✂	👆		

🔨 种植小贴士

1

宜用疏松透气、肥沃的土壤，可用 4∶1 的泥炭土搭配珍珠岩并混入缓释肥，根据品种选择花盆大小。

2

喜湿润，叶片有绒毛不宜沾水。可用浸盆法，保持土壤湿润不积水即可。

3

喜肥，薄肥勤施，每周追施稀薄液肥，花期与促花肥交替使用，要直接浇灌到盆土中。

4

喜温暖，适生温度 15～25℃，10℃以下移入室内。

5

喜半阴环境，夏季避免阳光直射，但冬春阳光柔和时应给予全日照，隔周转盆使受光均匀。

6

花后及时剪掉残花可再次开花，平时剪掉枯枝败叶，卸掉侧芽保持株型美观，避免争抢养分。

文心兰

Oncidium flexuosum

❀

隐藏的爱　无忧的快乐

【花期】10—12月

【别名】吉祥兰、跳舞兰、舞女兰

【株高】40～100cm

【生长类型】附生兰或地生兰

【科属】兰科文心兰属
【适应地区】华南地区可室外越冬

【观赏效果】植株轻巧，花茎轻盈，花色清新，花朵可爱，靓丽的金黄色小花既似翩翩起舞的美丽少女，又似飞翔的蝴蝶，极富动感。

市场价位：★★★★☆　　光照指数：★★☆☆☆　　施肥指数：★★★☆☆

栽培难度：★★★☆☆　　浇水指数：★★★☆☆　　病虫指数：★★★★☆

病虫害防治： 常见病害包括软腐病、褐斑病、炭疽病等，定期观察植株，早发现、早治疗。虫害主要有蚧壳虫和红蜘蛛等，可分别用 40% 氧化乐果乳油 1000 倍液和 2% 农螨丹 1000 倍液喷杀。

月份	1月	2月	3月	4月	5月	6月	7月	8月	9月	10月	11月	12月
全年花历												
生长期	🌱	🌱	🌱	🌱	🌱	🌱	🌱	🌱	🌱	❀	❀	❀
光照	☀	☀	◐	◐	◐	▨	▨	▨	◐	☀	☀	☀
浇水	💧	💧	💧	💧	💧	💧	💧	💧	💧	💧	💧	💧
施肥			🧴	🧴	🧴	🧴	🧴	🧴	🧴	🧴	🧴	🧴
病虫害	🪲	🪲	🪲	🪲	🪲	🪲	🪲	🪲	🪲	🪲	🪲	🪲
繁殖			🪴🪴									
修剪			✂								✂	✂

种植小贴士

喜疏松肥沃、排水良好且含石灰质的砂质壤土，一般用水苔、木炭、树皮、珍珠岩和粗椰壳等混合配制。常用 15cm 左右口径的花盆。

喜湿润，也怕水涝，浇水"见干见湿"，保持盆土湿润，炎热或干燥时可喷水增加空气湿度，但同时要保持良好的通风。

生长旺盛期每 2 周追施 1 次复合液肥，冬季控水、控肥。

喜温凉，适生温度 18～25℃，不耐寒，低于 10℃会发生冻害。

喜半阴散射光环境，但秋、冬季节需阳光充足才能促进开花。

花后及时摘除凋谢花枝和枯叶。

冬季开花植物

冬季养花要点

冬季沉寂冷清，寒冷地区大多数花卉处于休眠状态，温暖地区的花卉也会生长缓慢。

预防冻害

喜温暖的盆花，冬季必须移入室内越冬，且室温尽量保持在 10℃以上。

移入室内的盆花，不宜放置在离空调或取暖器太近的地方，以免空气干燥导致枝叶脱水。

一些小型盆花，由于体积较小，更容易受到冻伤，可以使用塑料袋将枝叶笼罩起来，并在上面打几个小孔以通风。同时也可使用粗麻布、泡沫等材料包裹花盆，或在土壤表面覆盖干草、木屑等，为土壤保温并防止结冰，从而保护根系。

改善通风

全封闭阳台因冬季开窗频率较低，导致通风条件欠佳，很容易诱发细菌和害虫繁殖。建议适时开窗以实现空气流通，也可使用空气净化器等设备来改善空气质量。

花烛

Anthurium andraeanum

❀

大展宏图　鸿运当头

【科属】天南星科花烛属
【适应地区】华南地区可室外越冬

【株高】30 ~ 80cm

【生长类型】多年生草本

【花期】12 月至翌年 3 月

【别名】火鹤花、安祖花、红掌、蜡烛花

【观赏效果】终年常绿，叶片有蜡质质感，如同美玉。花姿奇特美艳，花瓣呈心形，纹路凹凸有致，中间的肉穗花序黄色，花期持久。

市场价位：★★★☆☆　　光照指数：★★☆☆☆　　施肥指数：★★★☆☆
栽培难度：★★☆☆☆　　浇水指数：★★★★☆　　病虫指数：★★★☆☆

病虫害防治：常见炭疽病、叶斑病和花腐病等，用等量式波尔多液或 65% 代森锌可湿性粉剂 500 倍液喷洒。虫害有蚧壳虫和红蜘蛛，可用 50% 马拉松乳油 1500 倍液喷杀。

月份	1月	2月	3月	4月	5月	6月	7月	8月	9月	10月	11月	12月
全年花历												
生长期	❀	❀	❀	🌱	🌱	🌱	🌱	🌱	🌱	🌱	🌱	❀
光照	▦	▦	▦	▦	▦	▦	▦	▦	▦	▦	▦	▦
浇水	💧	💧	💧	💧	💧	💧	💧	💧	💧	💧	💧	💧
施肥	🧴	🧴	🧴	🧴	🧴	🧴	🧴	🧴	🧴	🧴	🧴	🧴
病虫害	🐛	🐛	🐛	🐛	🐛	🐛	🐛	🐛	🐛	🐛	🐛	🐛
繁殖				🪴🪴								
修剪		✂🌼	✂🌼									

🔨 种植小贴士

泥炭土　树皮　珍珠岩

选用排水良好的偏酸性基质，透气性要高，可用泥炭土、珍珠岩、松树皮等比例混合配制。宜选用15cm以上口径的花盆，植株心部生长点要高出基质。

喜湿润，怕干旱，也怕积水。除花期适当减少浇水促开花外，其余时间"见干见湿"，保持基质湿润。需要较高的空气湿度，应经常向叶面喷雾。

春、秋两季各撒入一些缓释基肥，日常每周追施通用型稀薄液肥。

20 ~ 32℃

<15℃

喜温热，适生温度 20 ～ 32℃，不耐寒，越冬温度 15℃。

喜半阴环境，不耐强光，除冬季外，都不要阳光直射。

日常清理根部的吸芽避免争夺养分，剪去干枯枝叶，及时剪掉残花。

君子兰

Clivia miniata

君子谦谦
有才而不骄

【科属】石蒜科君子兰属
【适应地区】华南地区可室外越冬

【株高】30～50cm
【生长类型】多年生草本

【花期】2—4月
【别名】大叶石蒜、达木兰、文竹芋

【观赏效果】叶片苍翠挺拔，形状像竹子。花朵从花序上开放，形似喇叭，颜色有红、粉、白等多种，果实红亮，非常引人注目。株型端庄优美，文雅俊秀，有君子风姿，其花如兰，因而得名。

市场价位：★★★☆☆　　光照指数：★★☆☆☆　　施肥指数：★★★★☆
栽培难度：★★★★☆　　浇水指数：★★★☆☆　　病虫指数：★★★★☆

病虫害防治： 常见病害有软腐病、叶斑病和炭疽病，注意对土壤消毒和通风透光，发病初期用 50% 多菌灵可湿性粉剂 500 倍液浇灌土壤。主要虫害是蚧壳虫，少量发生时可用软布清除，也可用 50% 马拉松乳油 1500 倍液喷杀。

月份	1月	2月	3月	4月	5月	6月	7月	8月	9月	10月	11月	12月
全年花历												
生长期	🌱	✿	✿	✿	🌱	🌱	🌱	🌱	🌱	🌱	🌱	🌱
光照	☀	☀	☀	☀	☀	☀	☀	☀	☀	☀	☀	☀
浇水	💧	💧	💧	💧	💧	💧	💧	💧	💧	💧	💧	💧
施肥	🧴	🧴	🧴	🧴	🧴	🧴	🧴	🧴	🧴	🧴	🧴	🧴
病虫害	🐞	🐞	🐞	🐞	🐞	🐞	🐞	🐞	🐞	🐞	🐞	🐞
繁殖				🪴					🪴			
修剪				✂						✋		

🪏 种植小贴士

宜用排水良好的微酸性土壤，建议使用兰花专用土，自配土多加花生壳、树皮等。一年生苗可用10cm深盆，每1～2年换大一号的深盆。

喜湿润，较耐旱，生长期保持盆土湿润，盛夏高温半休眠期控水使盆土偏干。

喜肥，换盆时要加入腐熟基肥，每周追施稀薄液肥，冬、春季花期改施磷钾肥，液肥要沿盆边浇入。

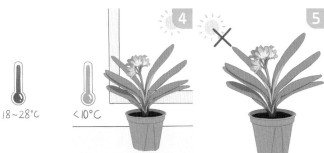

喜凉爽，忌高温，不耐寒，生长适温18～28℃，10℃以下应移入室内。

半阴性植物，忌强光直射，盛夏要遮蔽降温。花前适当增加光照可使花色更艳丽。

日常修剪斑枯叶片，经常转盆防止长偏，换盆时剪去枯空老根。如需留种，应在花苞成熟时用毛笔授粉，提高结子率。

口红花

Aeschynanthus pulcher

【花期】12月至翌年2月

【别名】毛子草、口红吊兰

【株高】茎蔓可达100cm

【生长类型】多年生常绿蔓生草本

花美一时你美一世

【科属】苦苣苔科芒毛苣苔属

【适应地区】华南地区可室外越冬

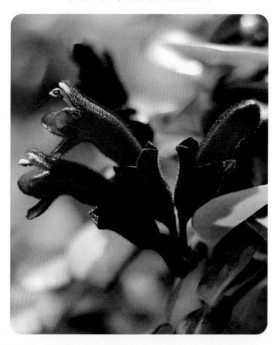

【观赏效果】株型美观大方，叶色碧绿油亮，花萼与口红外壳相似，包裹着绚烂的红色花冠，奇特而美艳，因而得名“口红花”。常做垂吊盆栽，也有“吉祥如意”的寓意。

市场价位：★★☆☆☆	光照指数：★★★☆☆	施肥指数：★★★☆☆
栽培难度：★★☆☆☆	浇水指数：★★★☆☆	病虫指数：★★☆☆☆

病虫害防治：抗性强，病虫害较少，炎热潮湿时会发生炭疽病和蓟马等病虫害。初发病时，及时剪除发病叶片或茎蔓，并喷洒杀菌剂。蓟马防治可检查嫩叶叶背是否有虫，可喷施吡虫啉药液防治。

全年花历												
月份	1月	2月	3月	4月	5月	6月	7月	8月	9月	10月	11月	12月
生长期	✿	✿	🌱	🌱	🌱	🌱	🌱	🌱	🌱	🌱	🌱	✿
光照	☀	☀	◐	◐	◐	☀	☀	☀	◐	◐	◐	☀
浇水	💧	💧	💧	💧	💧	💧	💧	💧	💧	💧	💧	💧
施肥	🧴	🧴	🧴	🧴	🧴	🧴	🧴	🧴	🧴	🧴	🧴	🧴
病虫害	🐛	🐛	🐛	🐛	🐛	🐛	🐛	🐛	🐛	🐛	🐛	🐛
繁殖			🪴	🪴					🪴	🪴		
修剪		✂		🖐		🖐			🖐			

🔨 种植小贴士

泥炭土　蛭石　沙土

喜疏松肥沃的砂质微酸性壤土，可用泥炭土、蛭石和沙土混合配制。宜用排水性良好的多孔陶盆，垂吊种植选有挂钩的吊盆。

1　喜湿润，忌积水，生长季节"见干见湿"，保持土壤湿润，夏季可喷雾增加湿度，冬季控水。

2

3　薄肥勤施，每2周追施1次稀薄有机液肥，花期改施磷钾肥。

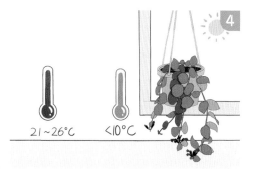

4　喜高温环境，生长适温21～26℃，不耐寒，10℃以下应移入室内。

21～26℃　　<10℃

5　喜半阴，盛夏适当遮蔽，冬季光照足时生长更好。

6　生长旺季适当摘心促进分枝，花后及时剪除残茎节省养分。

欧报春
Primula acaulis

❀

青春　万象更新
合家欢乐

【株高】10～20cm
【生长类型】多年生草本

【花期】1—5月
【别名】德国报春

【科属】报春花科报春花属
【适应地区】华南地区可室外越冬

【观赏效果】株丛低矮，形态优美，叶子的辨识度很高，看起来皱巴巴的。其花色丰富艳丽，开花整齐，花期长，是春天的信使，能够点亮阳台任何一个阴暗的角落。

市场价位：★★☆☆☆　　光照指数：★★★★☆　　施肥指数：★★★★☆
栽培难度：★★☆☆☆　　浇水指数：★★★☆☆　　病虫指数：★★★☆☆

病虫害防治： 幼苗和叶片常有叶斑病、灰霉病和炭疽病等，注意通风和降低空气湿度，及时清除病株，喷洒杀菌剂清除病菌。常见虫害是红蜘蛛和蚜虫。

月份	1月	2月	3月	4月	5月	6月	7月	8月	9月	10月	11月	12月
生长期	❀	❀	❀	❀	❀	▓	▓	▓	▓	🌿	🌿	🌿
光照	☀	☀	◐	◐	◐	☀	☀	☀	◐	◐	☀	☀
浇水	💧	💧	💧	💧	💧	💧	💧	💧	💧	💧	💧	💧
施肥	🪣	🪣	🪣	🪣	🪣				🪣	🪣	🪣	🪣
病虫害	🪲	🪲	🪲	🪲	🪲	🪲	🪲	🪲	🪲	🪲	🪲	🪲
繁殖						🫘		🫘	🪴🪴			
修剪			✂	✂	✂	✋						

全年花历

🔨 种植小贴士

腐叶土

14cm

喜富含腐殖质、排水良好的土壤，以酸性的腐叶土为佳。单株用 14cm 以下口径花盆，也可多株丛植于大盆。

喜湿润，浇水视盆土而定，保持盆稍湿润即可。花后盛夏半休眠时控制浇水。

基肥要足，生长期每周追施稀薄复合液肥，花期改施磷钾肥。

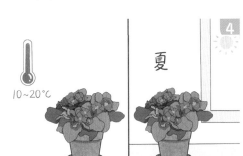

10~20℃

夏

喜凉爽气候，适生温度 10 ~ 20℃。不耐高温，应置于通风良好的阴凉处度夏。

喜半阴环境，忌强光直射，但秋冬生长期应有充足光照。

及时剪掉败花可延长花期，花期末尾再留种，随采随播或冷藏至夏末秋初播种。

113

铁筷子
Helleborus thibetanus

❀

坚强 犹豫 矛盾

【花期】1—3 月

【别名】圣诞玫瑰、见春花、双玲草

【株高】20 ~ 60cm

【生长类型】多年生常绿草本

【科属】毛茛科铁筷子属
【适应地区】南北各地均可种植

【观赏效果】枝叶四季深绿，花型奇特，花色多变，耐寒性强，越是天寒地冻的时候，它就绽放得越美，还有银色叶子的品种，观赏价值很高。因茎干色泽如铁，且质地坚韧而得名。

市场价位：★★★☆☆　　光照指数：★★☆☆☆　　施肥指数：★★☆☆☆
栽培难度：★★★★☆　　浇水指数：★★★☆☆　　病虫指数：★★★☆☆

病虫害防治：梅雨季节前可用杀菌剂灌根预防根腐病、软腐病等，雨季排水控湿。虫害主要是蚜虫、红蜘蛛等，可用 40% 氧化乐果乳油 1500 倍液喷杀。

月份	1月	2月	3月	4月	5月	6月	7月	8月	9月	10月	11月	12月
全年花历												
生长期	❁	❁	❁	🌱	🌱	🌱	🌱	🌱	🌱	🌱	🌱	🌱
光照	◑	◑	◑	◑	◑	☀	☀	☀	◑	◑	◑	◑
浇水	🌢	🌢	🌢	🌢	🌢	🌢	🌢	🌢	🌢	🌢	🌢	🌢
施肥	🧴	🧴	🧴	🧴	🧴				🧴	🧴	🧴	🧴
病虫害	🪲	🪲	🪲	🪲	🪲	🪲	🪲	🪲	🪲	🪲	🪲	🪲
繁殖			🌰			🌰		🪴🪴				
修剪			✂		✋							

🌱 **种植小贴士**

喜富含腐殖质的疏松肥沃土壤，可用泥炭土、粗椰糠和珍珠岩按 5：3：2 配制。

喜湿润环境，生长期保持土壤湿润，夏季高温时要控水避雨。

需肥量不大，秋、春生长季每 2 周追施 1 次稀薄复合液肥，花期补充磷钾肥。

较耐寒，但忌干冷，适生温度 12 ～ 15℃，能忍耐 0℃ 以下低温。

喜半阴，光照充足时开花更好，盛夏休眠期应置于阴凉通风处。

及时清除病枯枝叶，若不留种，花后应剪去残花。

万代兰
Vanda spp.
❀

锦绣卓越
万代不朽

【株高】30 ~ 200cm
【生长类型】典型附生兰

【花期】2—3月
【别名】胡姬花、桑德万代

【科属】兰科万代兰属
【适应地区】华南地区可室外越冬

【观赏效果】杂种和园艺品种较多，植株挺拔，花型硕壮，形态奔放。花色华丽丰富，有红色、蓝色、黄色、白色等，花量大，每株可开10多枝花。

市场价位：★★★★★ 　 光照指数：★★★☆☆ 　 施肥指数：★★★☆☆
栽培难度：★★★☆☆ 　 浇水指数：★★★★☆ 　 病虫指数：★★★★☆

病虫害防治：病害主要有黑斑病、软腐病、锈病等，及时清除病株并喷洒杀菌剂。虫害主要有蚧壳虫、粉虱、蚜虫等，可用 40% 速扑杀乳剂 2000 倍液、40% 氧化乐果乳油 1500 倍液等喷杀。

月份	1月	2月	3月	4月	5月	6月	7月	8月	9月	10月	11月	12月
全年花历												
生长期	🌱	❀	❀	🌱	🌱	🌱	🌱	🌱	🌱	🌱	🌱	🌱
光照	☀	☀	☀	☀	☀	☀	☀	☀	☀	☀	☀	☀
浇水	💧	💧	💧	💧	💧	💧	💧	💧	💧	💧	💧	💧
施肥	🧴	🧴	🧴	🧴	🧴	🧴	🧴	🧴	🧴	🧴	🧴	🧴
病虫害	🐞	🐞	🐞	🐞	🐞	🐞	🐞	🐞	🐞	🐞	🐞	🐞
繁殖				🪴					🌱			
修剪			✂	✂								

🛠 种植小贴士

属于气生兰，宜用透水性强的基质，如木炭、砖块、浮石、树皮等，不能用培养土、腐叶土，部分品种可裸根栽培。小型品种可用多孔盆，大型品种可用吊篮、木条筐种植。

喜湿润，要有较高的空气湿度，高温或干燥时要向叶面喷水。

喜肥，生长旺期每周追施稀薄复合液肥。建议使用兰花专用肥料，根施或叶施均可，夏季半休眠期和冬季低温时降低施肥频率。

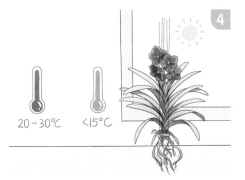

喜高温，不耐寒，生长适温 20～30℃，15℃以下应移入室内。

喜光照，除盛夏要遮蔽外，其余季节不用遮光，冬季光线差时应人工补光。

日常修剪枯黄枝叶，保证良好的通风环境，花后及时剪除花枝。

仙客来

Cyclamen persicum

喜迎宾客

【株高】20～30cm

【生长类型】球根花卉

【花期】12月至翌年3月

【别名】萝卜海棠、兔子花、一品冠

【科属】报春花科仙客来属
【适应地区】华南地区可室外越冬

【观赏效果】名字源于拉丁名译音，寓意非常吉利。植株叶片圆厚，品种众多，花香依品种或浓或淡或无。花期长，花型独特，开放时似翩翩起舞的醉蝶，又像兔子的耳朵。

市场价位：★★☆☆☆　　光照指数：★★☆☆☆　　施肥指数：★★☆☆☆
栽培难度：★★★★☆　　浇水指数：★★★☆☆　　病虫指数：★★★★☆

病虫害防治：主要有叶腐病、软腐病等，日常护理可使用多菌灵或百菌清等防治。虫害主要有蓟马、红蜘蛛，可施吡虫啉等药液和 40% 氧化乐果乳油 1500 倍液喷杀。

月份	1月	2月	3月	4月	5月	6月	7月	8月	9月	10月	11月	12月
生长期	✿	✿	✿	🌱	🌱	●	●	●	🌱	🌱	🌱	✿
光照	☀▮	☀▮	☀▮	☀▮	☀▮	◪	◪	◪	◑	◑	◑	☀▮
浇水	💧	💧	💧	💧	💧				💧	💧	💧	💧
施肥	🝰	🝰	🝰	🝰	🝰				🝰	🝰	🝰	🝰
病虫害	🪲	🪲	🪲	🪲	🪲				🪲	🪲	🪲	🪲
繁殖								🪴	🌰	🌰		
修剪		✂🌼	✂🌼		☝							

全年花历

🟦 **种植小贴士**

宜在疏松肥沃、排水良好、富含腐殖质的微酸性沙质壤土中种植，可用腐叶土、泥炭土、粗椰糠和珍珠岩混合配制。球根不能全埋，应露出 1/3。

喜湿润，忌积水，除盛夏休眠期保持土壤稍微干燥外，其余时间浇水"见干见湿"。茎叶顶芽不要碰水，应沿着花盆边缘浇入或用浸盆法。

忌施浓肥，生长期每2周追施1次稀薄复合液肥，花期补施磷钾肥。

喜凉爽，适生温度 12 ～ 22℃，30℃以上休眠，较耐寒，能忍耐 0℃低温。

喜欢散射光，入秋后光照要充足，但冬、春季每天光照 4 ～ 6 小时可延长花期。

及时清理枯萎花叶，同时清除叶茎和花茎。注意根茎部位有一定毒性，应戴手套操作。

香雪兰

Freesia refracta

❀

纯洁美丽

【株高】30 ~ 60cm
【生长类型】球根花卉

【花期】2—5月
【别名】菖蒲兰、小苍兰、香雪兰

【科属】鸢尾科香雪兰属
【适应地区】南方地区可室外越冬

【观赏效果】株型优美，玲珑清秀似兰，不开花时茎叶四季常绿、清新自然。花色洁白如雪，也有黄、红等颜色品种，且香味浓郁，故名"香雪兰"。

市场价位：★★☆☆☆　　光照指数：★★★★☆　　施肥指数：★★★☆☆
栽培难度：★★★☆☆　　浇水指数：★★★☆☆　　病虫指数：★★★☆☆

病虫害防治: 常见病害有花叶病、球腐病等，栽种时对土壤和种球彻底杀菌，每年更换盆土。注意防治蚜虫，发生初期可喷洒 40% 氧化乐果 1500 倍液防治。

月份	1月	2月	3月	4月	5月	6月	7月	8月	9月	10月	11月	12月
生长期	🌱	❀	❀	❀	❀	⬛	⬛	⬛	⬛	🌿	🌿	🌿
光照	☀	☀	☀	☀	☀				☀	☀	☀▯	☀
浇水	💧	💧	💧	💧	💧				💧	💧	💧	💧
施肥	🧴	🧴	🧴					🧴	🧴	🧴	🧴	🧴
病虫害	🪲	🪲	🪲							🪲	🪲	🪲
繁殖						🌱		🪴	🌷			
修剪	✂	✂	✂	✂	✂	✋						✂

全年花历

🪏 **种植小贴士**

1
喜排水良好、疏松肥沃的沙质壤土，建议使用球根植物专用土，也可用腐叶土、园土、细河砂、腐熟有机肥按1：1：1：1：1比例混合配制。

2
喜湿润，浇水"见干见湿，浇则浇透"。现蕾抽莛时注意保持土壤湿润，花后减少浇水频率，叶片枯黄时停止浇水。

3
基肥要足，每周追施稀薄液肥，花期改施磷钾肥。

4
喜凉爽环境，生长适温15～20℃，越冬不宜低于5℃。

5
喜光，但花芽分化需短日照条件，温度较高、光照过强时应适当遮阴。

6
种球种植前应浸泡杀菌，使用矮壮素控制矮化，花前拉网或立支架以防倒伏。

蟹爪兰
Schlumbergera truncata

【花期】10月至翌年2月

【别名】螃蟹兰、圣诞仙人掌

【株高】30 ~ 50cm

【生长类型】肉质灌木

鸿运当头　运转乾坤

【科属】仙人掌科仙人指属
【适应地区】华南地区可室外越冬

【观赏效果】株型奇特，没有叶子，木质化主茎上的扁平幼枝浓密油绿且带有光泽，顶端的花朵硕大成簇，姹紫嫣红，因茎节连接形状如螃蟹的爪，故名"蟹爪兰"。

| 市场价位：★★☆☆☆ | 光照指数：★★☆☆☆ | 施肥指数：★★★☆☆ |
| 栽培难度：★★★☆☆ | 浇水指数：★★☆☆☆ | 病虫指数：★★☆☆☆ |

病虫害防治： 主要病害是炭疽病、腐烂病和叶枯病，可用50%多菌灵可湿性粉剂500倍液喷洒，10 ~ 15天喷1次，共喷3次。虫害主要有红蜘蛛和蚧壳虫，严重时可喷50%杀螟松乳油防治。

月份	1月	2月	3月	4月	5月	6月	7月	8月	9月	10月	11月	12月
全年花历												
生长期	✹	✹	🌱	🌱	🌱	🌱	🌱	🌱	🌱	✹	✹	✹
光照	☀	☀	◐	◐	◐	▨	▨	▨	☀	☀	☀	☀
浇水	💧	💧	💧	💧	💧	💧	💧	💧	💧	💧	💧	💧
施肥	🧴	🧴	🧴	🧴	🧴	🧴	🧴	🧴	🧴	🧴	🧴	🧴
病虫害	🐞	🐞	🐞	🐞	🐞	🐞	🐞	🐞	🐞	🐞	🐞	🐞
繁殖			🪴									
修剪			✂									

🪏 种植小贴士

1

喜疏松肥沃、通透性好的微酸性砂质壤土，可用园土混合腐叶土、珍珠岩、泥炭土配制。宜用较宽大的花盆以便枝叶伸展。

2

较耐旱，不耐雨淋和积水，保持良好的通风。建议采用浸盆法，盛夏和花后休眠期保持土壤稍微干燥。

3

生长期每周追施稀薄液肥，花期改施磷钾肥。

4

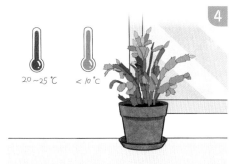

喜凉爽、温暖的环境，适生温度20～25℃，不耐寒，低于10℃要搬到室内。

5

较耐阴，怕强光，属于短日照植物，日照8小时后要用黑塑料袋遮光，可促进花芽分化。

6

蕾期剪去过多弱小的花蕾，花后截去花下3～4片茎节，疏去过密茎节。多年老株要配制支撑架防止倒伏。

杂种杜鹃
Rhododendron 'Hybrida'

永远属于你
希望 鸿运高照

【株高】60 ~ 100cm
【生长类型】常绿灌木

【花期】10 月至翌年 5 月
【别名】西洋杜鹃、比利时杜鹃

【科属】杜鹃花科杜鹃花属
【适应地区】北方地区需室内越冬

【观赏效果】姿态美观，枝秆紧密挺拔，叶片四季常绿。其品种众多，有单瓣、重瓣、半重瓣等，花量丰富，花色多彩，稍加雕琢即可造就形态各异的盆景造型。

市场价位：★★★☆☆　　光照指数：★★★☆☆　　施肥指数：★★★☆☆
栽培难度：★★★☆☆　　浇水指数：★★★☆☆　　病虫指数：★★☆☆☆

病虫害防治： 主要病虫害有小叶病、黑斑病、青虫和蚜虫。小叶病是螨虫为害所致，青虫和螨虫可用 5% 阿维菌素 2000 倍液喷雾防治。蚜虫可用吡虫啉 1000 倍液喷雾防治。黑斑病发生初期，用 75% 百菌清可湿性粉剂 1000 倍液每半月喷 1 次，连喷 3 ~ 4 次。

月份	1月	2月	3月	4月	5月	6月	7月	8月	9月	10月	11月	12月
全年花历												
生长期	✿	✿	✿	✿	✿	🌱	🌱	🌱	🌱	✿	✿	✿
光照	☀	☀	☀	◑	◑	●	●	●	◑	☀	☀	☀
浇水	💧	💧	💧	💧	💧	💧	💧	💧	💧	💧	💧	💧
施肥	🧪	🧪	🧪	🧪	🧪	🧪	🧪	🧪	🧪	🧪	🧪	🧪
病虫害	🪲	🪲	🪲	🪲	🪲	🪲	🪲	🪲	🪲	🪲	🪲	🪲
繁殖						🌱			🪴			
修剪		✂		✂		✂					✂	

种植小贴士

泥炭土(5)：珍珠岩(2)：腐叶土(3)

喜保水性、透气性良好的微酸性土壤，可用5：3：2的泥炭土、腐叶土和珍珠岩混合配制。以15cm以上口径的花盆为宜。

喜湿润，浇水"见干见湿"，夏季增加频率，冬季控水。

除基肥外，每2周追施1次复合液肥，宁稀勿浓，每年入秋后补充有机基肥。

12～25℃　<5℃

喜温暖，适生温度12～25℃，5℃以下移入室内。

喜阳，耐半阴，秋冬季节应全日照，盛夏需遮阳。

枝条繁密时，适度修剪保持株型，花后及时摘掉残花。

观叶和观果植物

其他类型植物养护要点

其他类型植物以观赏绿色叶或彩色叶的观叶类植物和观果植物为主，大多四季常绿，适用于室内栽植观赏。此类植物较适应室内低光照、温度较高、通风差的环境。

浇水

通常情况下，春、夏、秋季为室内观叶植物的主要生长期，会消耗较多水分。夏季高温时节，宜每日早晚各洒水1次。冬季，大部分观叶植物处于休眠期，可每隔5～7天洒水1次。

也可通过使用加湿器、喷壶或开窗通风等方式，保持室内湿度适中，有助于观叶植物生长。

施肥

观叶植物对氮肥的需求量较高，氮肥与复合肥料可交替使用。

观果类植物应施足底肥，花芽分化前和果实发育期应多施磷肥和钾肥，以促进分化，提高坐果率。

病虫害防治

经常检查叶背、叶基、枝头等，以预防为主。

发生病虫害时，用柔软的刷子轻刷几下。病害特别严重时，可转运到室外进行喷药处理。

黑叶观音莲

Alocasia×mortfontanensis

❀

幸福 纯洁

【株高】30 ~ 50cm
【生长类型】常绿球根花卉

【观叶期】全年
【别名】黑叶芋、观音莲

【科属】天南星科海芋属
【适应地区】华南地区可露地越冬

【观赏效果】株型紧凑直挺，叶片宽大且富光泽，叶缘、叶脉银白清晰如画，是一种风格独特的室内观叶植物。具有一定毒性，要避免误食或接触其毒液。

市场价位：★★★☆☆ | 光照指数：★★☆☆☆ | 施肥指数：★☆☆☆☆
栽培难度：★★☆☆☆ | 浇水指数：★★☆☆☆ | 病虫指数：★☆☆☆☆

病虫害防治：常见病害有灰霉病，发病前期使用 1000 倍的 59% 甲基托布津可湿性粉剂进行喷洒。高温、高湿易患茎腐病，可用 75% 百菌清可湿性粉剂 800 倍液喷洒防治。常见虫害包括蚜虫，少量可人工清除，或用 40% 氧化乐果乳油 1000 倍液防治。

月份	1月	2月	3月	4月	5月	6月	7月	8月	9月	10月	11月	12月
全年花历												
生长期	❄	❄	🍃	🍃	🍃	🍃	🍃	🍃	🍃	🍃	🍃	❄
光照	◐	◐	◐	◐	◐	◐	◐	◐	◐	◐	◐	◐
浇水	💧	💧	💧	💧	💧	💧	💧	💧	💧	💧	💧	💧
施肥				🪣	🪣	🪣	🪣	🪣	🪣			
病虫害						🐛	🐛	🐛				
繁殖			🪴	🪴	🪴				🪴	🪴	🪴	
修剪			✂	✂					✂	✂		

种植小贴士

选用透气、中等大小的花盆，在基质中加入细椰糠、珍珠岩等疏松透气的材料。

（图示：细椰糠　珍珠岩）

肉质根系，不耐积水。夏季增加浇水次数，向叶面喷水保持环境湿润，休眠期控水保持盆土相对干燥。

生长旺盛期每月施1～2次稀薄液肥，但氮肥不宜过量，以免叶柄伸长、叶薄而倒伏。

生长适温20～30℃，低于15℃休眠，放置于通风但光照不强的位置，炎热夏季需适当遮阴。环境过暗会导致茎叶徒长，叶片暗淡无光。

叶片数少，修剪时注意叶片的排列方向和去留。花朵的观赏性不高，不建议留存。

春、秋季节在植株底部会萌生出小的植株，可将植株分株栽种。

黛粉芋

Dieffenbachia seguine

❀

等待佳人

【科属】天南星科黛粉芋属
【适应地区】华南地区可露地越冬

【株高】50～100cm
【生长类型】宿根花卉

【观叶期】全年
【别名】花叶万年青、银斑万年青

【观赏效果】株型直挺，品种众多，叶片宽大且具有美丽的色斑，是天然的"杀菌剂"，可净化空气。汁液与皮肤接触时会引起瘙痒和皮炎，避免误食或接触其毒液。

市场价位：★★☆☆☆　　光照指数：★★☆☆☆　　施肥指数：★★☆☆☆
栽培难度：★★☆☆☆　　浇水指数：★★☆☆☆　　病虫指数：★☆☆☆☆

病虫害防治：主要有细菌性叶斑病、褐斑病和炭疽病危害，可用 50% 多菌灵可湿性粉剂 500 倍液喷洒。高温、高湿环境易患根腐病和茎腐病，可用 75% 百菌清可湿性粉剂 800 倍液喷洒。

全年花历												
月份	1月	2月	3月	4月	5月	6月	7月	8月	9月	10月	11月	12月
生长期	🌱	🌱	🍃	🍃	🍃	🍃	🍃	🍃	🍃	🍃	🍃	🌱
光照	◐	◐	◐	◐	◐	◐	◐	◐	◐	◐	◐	◐
浇水	💧	💧	💧	💧	💧	💧	💧	💧	💧	💧	💧	💧
施肥						🧴	🧴	🧴	🧴			
病虫害				🪲	🪲	🪲	🪲	🪲				
繁殖			🪴	🌱	🌱	🌱			🌱	🌱		
修剪			✂		✋	✋			✂	✂		

种植小贴士

蛭石、珍珠岩

1 宜选择透气、中等大小的花盆，栽培基质中加入适量珍珠岩、蛭石等以利排水。

2 喜湿怕干，夏季增加浇水次数，向叶面喷水；冬季控水，干燥时以温水喷雾提高空气湿度。

3 生长旺盛期每月施1～2次稀薄液肥，冬季停止施肥。

25～30℃

4 喜通风但阳光不强的环境，生长适温25～30℃，低于10℃叶片易冻伤。

5 及时修剪黄叶、老叶，2～3年换盆1次。基部的萌蘖较多，可结合换盆进行分株繁殖。植株过高时，剪除上部保留基部2～3节，可重新萌芽发枝保持株型。

龟背竹
Monstera deliciosa

延年益寿

【科属】天南星科龟背竹属
【适应地区】华南地区可露地栽培

【观叶期】全年

【别名】蓬莱蕉、龟背蕉、穿孔喜林芋

【株高】修剪控制长度

【生长类型】常绿木质藤本

【观赏效果】株型高大，叶片翠绿带天然孔洞，极像龟背，因而得名。气生根纵横有趣，是独特的室内大中型观赏盆栽。植株能吸收甲醛等有毒、有害气体，净化空气。

市场价位：★★★★☆　　光照指数：★★★☆☆　　施肥指数：★★☆☆☆
栽培难度：★★☆☆☆　　浇水指数：★★★☆☆　　病虫指数：★☆☆☆☆

病虫害防治： 若通风不良，茎叶易发生蚧壳虫危害，可用酒精擦拭，或在幼虫时喷洒呋虫胺、吡虫啉等。环境阴蔽易发生斑叶病或褐斑病，初期可用50%多菌灵可湿性粉剂1000倍液、50%退菌特可湿性粉剂800~1000倍液喷洒。

月份	1月	2月	3月	4月	5月	6月	7月	8月	9月	10月	11月	12月
全年花历												
生长期	🍃	🍃	🍃	🍃	🍃	🍃	🍃	🍃	🍃	🍃	🍃	🍃
光照	☼	☼	☼	☼	☼	☼	☼	☼	☼	☼	☼	☼
浇水	💧	💧	💧	💧	💧	💧	💧	💧	💧	💧	💧	💧
施肥			🧴	🧴	🧴	🧴	🧴	🧴	🧴	🧴		
病虫害	🐞	🐞	🐞	🐞	🐞	🐞					🐞	🐞
繁殖			🪴🪴	🌱	🌱				🌱	🌱		
修剪			✂	🤚	🤚	🧵	🧵		✂	✂		

🔨 种植小贴士

喜疏松透气、排水良好的土壤，可选腐叶土、园土、粗砂等按比例混合配制的基质，选择透气性好的高花盆种植。

保持土壤湿润，不积水，叶面常喷水保持清新，冬季减少浇水和喷水。

喜半荫忌强光暴晒，光照时间越长叶片越大，裂口越多、越深，适合摆放在室内明亮的位置。

生长旺盛期每隔15～20天施1次稀薄液肥，10天左右对叶面喷施1次叶面肥料。

生长适温20～25℃，越冬温度不低于10℃，冬季保持光照。

每隔2年结合翻盆换土1次。生长过程中架设立竿绑扎使之定型，过长茎叶需及时修剪。植株下部气生根可引导入土，增加吸收能力。

金边虎尾兰

Sansevieria trifasciata var.laurentii

❀

坚定 刚毅

【科属】天门冬科虎尾兰属
【适应地区】南北各地均有栽培

【株高】可达 120cm

【生长类型】多年生草本

【观叶期】全年

【别名】虎皮兰、千岁兰、虎尾掌

【观赏效果】叶片挺拔，显示出坚定的气质，色泽终年青翠，斑纹独特而奇异，给人一种庄重、高雅的感觉，是优秀的室内中型观叶植物，也是独特的切叶材料，有金边、短叶等品种。

市场价位：★★☆☆☆	光照指数：★★★★★	施肥指数：★☆☆☆☆
栽培难度：★☆☆☆☆	浇水指数：★★☆☆☆	病虫指数：★★☆☆☆

病虫害防治： 常见病害有炭疽病、叶斑病，及时剪除发病叶片并集中销毁，可用 70% 甲基托布津可湿性粉剂或 75% 百菌清可湿性粉剂 800 ～ 1000 倍液喷洒。常见虫害是鼻虫，可用 50% 杀螟松乳油 1000 倍液喷杀。

全年花历												
月份	1月	2月	3月	4月	5月	6月	7月	8月	9月	10月	11月	12月
生长期	🍃	🍃	🍃	🍃	🍃	🍃	🍃	🍃	🍃	🍃	🍃	🍃
光照	☀	☀	☀	☀	☀	☀	☀	☀	☀	☀	☀	☀
浇水	💧	💧	💧	💧	💧	💧	💧	💧	💧	💧	💧	💧
施肥			🧴	🧴	🧴	🧴	🧴	🧴	🧴	🧴		
病虫害			🐞	🐞	🐞	🐞	🐞	🐞	🐞	🐞		
繁殖				🪴	🪴	🌱			🌱	🌱		
修剪			✂	✂	✂	✂	✂	✂	✂			

🪏 种植小贴士

园土　腐叶土　砂土

喜疏松透气、利水的砂质土壤，可以园土、腐叶土加入适量砂土为基质，选用深筒形花盆种植。

耐旱、耐湿，浇水"宁干勿湿"，春夏保持盆土湿润，入秋后使盆土相对干燥。高温、高湿时，浇水要避免淋湿叶片，否则易导致出现褐色斑点。

耐贫瘠，生长季节每月施2次稀薄液肥即可。

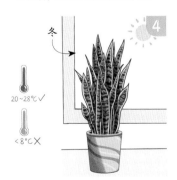

冬

20~28℃ ✓
<8℃ ✗

适生温度20～28℃，不耐寒，低于8℃会发生冻害，冬季需移入室内有阳光的位置养护。

喜光照充足、通风良好的环境，长时间光照不足，叶片易发黄、斑纹模糊。

生长快速，盆满时剪除老叶，日常及时修剪黄叶、病叶。每两年换盆分株1次，更换基肥充足的土壤。

雪铁芋

Zamioculcas zamiifolia

❀

招财进宝　荣华富贵

【观叶期】全年

【别名】金钱树、龙凤木

【株高】40 ~ 60cm

【生长类型】多年生草本

【科属】天南星科雪铁芋属
【适应地区】南北各地均有栽培

【观赏效果】植株终年翠绿挺拔，复叶上的椭圆形或卵圆形小叶质地厚实、叶色浓绿，在阳光下犹如涂上了一层发光的釉彩，形似一串钱币，因而又被称作"金钱树"。

市场价位：★★★★☆	光照指数：★★★☆☆	施肥指数：★★★☆☆
栽培难度：★★★★☆	浇水指数：★★☆☆☆	病虫指数：★★☆☆☆

病虫害防治：常见病害是褐斑病，可用 50% 多菌灵可湿性粉剂 600 倍液或 40% 百菌清 500 倍液喷洒，发病季节每 7 ~ 10 天喷 1 次，连喷 3 ~ 4 次。虫害主要是蚧壳虫，可用湿布抹去，或在叶茎上喷施 20% 扑虱灵可湿性粉剂 1000 倍液。

月份	1月	2月	3月	4月	5月	6月	7月	8月	9月	10月	11月	12月
全年花历												
生长期	🍃	🍃	🍃	🍃	🍃	🍃	🍃	🍃	🍃	🍃	🍃	🍃
光照	☀	☀	☀	☀	☀	☀	☀	☀	☀	☀	☀	☀
浇水	💧	💧	💧	💧	💧	💧	💧	💧	💧	💧	💧	💧
施肥			🧴	🧴	🧴	🧴	🧴	🧴	🧴	🧴		
病虫害	🐛	🐛	🐛	🐛	🐛	🐛	🐛	🐛	🐛	🐛		🐛
繁殖			🪴	🌱	🌱				🌱	🌱		
修剪		✂	✂	✂	✂	✂	✂	✂	✂	✂	✂	

🔨 种植小贴士

忌黏性土，喜疏松肥沃、排水好、富含有机质的微酸性土壤，可使用粗沙、泥炭土、园土混合配制。宜选用直筒形透气花盆。

稍耐旱，积水根茎易腐烂，盆土保持湿润偏干为宜。夏季每周浇水1次，春、秋季每半月浇水1次，冬季每20天浇水1次。

喜肥，大于15℃时每半月施氮磷钾肥1次，入秋后停施氮肥，气温降到15℃以下停止追肥。

生长适温16～26℃，高湿时可在周围喷水降温，低于8℃需移至室内。

喜充足的散射光，忌强光，可置于窗边种植。长期光照不足易导致枝叶垂软。

定期修剪老化、枯萎、病弱和过密的枝叶，1～2年换盆1次。

辣椒
Capsicum annuum

引人注目

【株高】15 ~ 60cm

【生长类型】一年生或多年生草本

【果期】8—10月

【别名】五色椒、樱桃椒

【科属】茄科辣椒属
【适应地区】南北各地均有栽培

【观赏效果】植株紧凑，幼果因成熟度不同而呈现白、黄、橙、红、紫等多种颜色，富于变化，且挂果时间长，具较高的观赏价值，可美化阳台、居室，部分品种果实可食用。

市场价位：★★☆☆☆　　光照指数：★★★★★　　施肥指数：★★★★☆
栽培难度：★★★★☆　　浇水指数：★★★☆☆　　病虫指数：★☆☆☆☆

病虫害防治： 病虫害较少，主要有蚜虫、螨类和白粉虱等，可于发生初期向植株喷施1500倍吡虫啉溶液等杀虫剂防治。

月份	1月	2月	3月	4月	5月	6月	7月	8月	9月	10月	11月	12月
生长期			🌱	🌿	🌿	🌸	🌸	🍒	🍒	🍒	🌿	
光照			◐	☀	☀	☀	☀	☀	☀	☀	☀	
浇水			💧	💧	💧	💧	💧	💧	💧	💧	💧	
施肥												
病虫害												
繁殖												
修剪												

全年花历

🔨 **种植小贴士**

1

选用肥沃的园土、泥炭土、腐叶土和粗沙作栽培基质，盆底可铺陶粒、碎瓦片等作沥水层，选用塑料盆或素烧盆均可。

2

浇水"见干见湿"，夏季增加浇水量，果实转色期适当控制水分。

3

施足基肥，每周结合浇水追肥1次，生长前期以氮肥为主，挂果期以钾肥为主。

4

生长适温18～30℃，夏季高温时生长缓慢，开花结果少，低于10℃停止生长。

5

充足的阳光有利于开花结果，室内栽培时需适当补光。

6

生长初期摘心2～3次促进植株矮壮，及时摘除熟果、老叶和病叶，延长观赏期。

绿萝

Epipremnum aureum

坚韧善良　守望幸福

【科属】天南星科麒麟叶属
【适应地区】华南地区可露地越冬

【株高】长度可达 200 ~ 300cm
【生长类型】草质藤本

【观叶期】全年
【别名】魔鬼藤、黄金藤、黄金葛

【观赏效果】四季常绿，带光泽的叶片上镶有不规则黄斑，茎蔓细软垂落，可作小型吊盆、中型柱式栽培或室内垂直绿化。植株具有净化空气能力，能有效吸收甲醛、苯等有害气体。管理粗放。

市场价位：★★☆☆☆　　光照指数：★★☆☆☆　　施肥指数：★★☆☆☆
栽培难度：★☆☆☆☆　　浇水指数：★★★★☆　　病虫指数：★★☆☆☆

病虫害防治：常见病害有软腐病，发病初期可喷施 77% 可杀得可湿性微粒粉剂 500 倍液、14% 络氨铜水剂 300 倍液等防治，10 ~ 15 天喷 1 次，连喷 2 ~ 3 次。

全年花历

月份	1月	2月	3月	4月	5月	6月	7月	8月	9月	10月	11月	12月
生长期	✔	✔	✔	✔	✔	✔	✔	✔	✔	✔	✔	✔
光照	◑	◑	◑	◑	◑	◑	◑	◑	◑	◑	◑	◑
浇水	◌	◌	●	●	●	●	●	●	●	●	●	◌
施肥			✔	✔	✔	✔	✔	✔	✔	✔		
病虫害			✔	✔	✔	✔	✔	✔	✔	✔		
繁殖		✔	✔	✔	✔	✔	✔	✔	✔			
修剪		✂	✔	✔	✔		✂		✂		✂	

种植小贴士

1

可用园土、腐叶土和砂土混合制成栽培基质，可采用带有吊钩的花盆。亦可水培，容器不限。

2

保持盆土湿润，夏季常向叶面喷水，冬季适当减少浇水。

3

生长期薄肥勤施，每半月灌浇1次通用型稀薄液肥，冬季停止施肥。

4

适生温度15～25℃，不耐寒，低于10℃易发生黄叶、落叶现象，冬季置于室内有明亮散射光处。

5

对光照适应性强，强光下叶片颜色变浅，生长速度变慢，弱光下则反之。

6

及时修剪过多、过长、过密枝条，下部叶片枯黄脱落时可重剪更新。亦可设立棕柱使其缠绕向上生长，形成绿柱。

马拉巴栗

Pachira glabra

❀

招财进宝　财源滚滚

【观叶期】全年

【别名】发财树、瓜栗、光瓜栗

【株高】盆栽控制高度

【生长类型】常绿或半落叶乔木

【科属】锦葵科瓜栗属
【适应地区】华南及西南地区可露地越冬

【观赏效果】树干基部膨大、苍劲古朴，掌状复叶光泽浓绿，树姿优美，既可单株观赏，也可几株组合成辫状或螺旋状造型，是优良的室内观叶植物。

市场价位：★★★☆☆	光照指数：★★★★☆	施肥指数：★☆☆☆☆
栽培难度：★★★★★	浇水指数：★★☆☆☆	病虫指数：★★☆☆☆

病虫害防治：通风不良易导致根茎腐烂，日常护理可使用多菌灵或百菌清喷洒叶面、茎干，或在茎干处涂抹石硫合剂预防菌害。

月份	1月	2月	3月	4月	5月	6月	7月	8月	9月	10月	11月	12月
生长期	🌿	🌿	🌿	🌿	🌿	🌿	🌿	🌿	🌿	🌿	🌿	🌿
光照	☀	☀	☀	☀	☀	●	●	●	☀	☀	☀	☀
浇水	💧	💧	💧	💧	💧	💧	💧	💧	💧	💧	💧	💧
施肥		🧴	🧴	🧴	🧴				🧴	🧴	🧴	
病虫害	🪲	🪲	🪲	🪲					🪲	🪲	🪲	🪲
繁殖			🪴	🌱					🌱	🌱		
修剪			✌	✌								

全年花历

🛠 种植小贴士

不择土壤，可选园土、腐叶土加入粗砂以利排水。根系较浅，但较大植株宜选用深度较大的透气花盆。可水培，注意茎秆与水面保持距离，以刚浸到根系为宜。

盆土宜保持干燥，宁干勿湿，浇水量过大易烂根掉叶。夏季适当增加浇水次数，并朝叶面喷水增加湿度，冬季控水。

施足基肥，生长期每月追施稀薄液肥，适当加施磷钾肥，少施氮肥以免徒长。夏季高温时和冬季停止施肥。

适生温度20～30℃，不耐寒，15℃以下易发生冻害，冬季放置在光照充足的位置。

长期光线不足易徒长，在较暗区域种植2～4周后，应逐步移到光照良好的区域。

及时修剪黄叶，2～3年换盆1次，换盆时更换2/3的旧土，修剪老根。春季修剪整形，去掉绿茎的上部，保留下部2～3个芽点促进枝叶更新。

青苹果竹芋

Goeppertia orbifolia

✿

优雅标致　清新宜人

【观叶期】全年
【别名】圆叶竹芋

【株高】30～70cm
【生长类型】多年生草本

【科属】竹芋科肖竹芋属
【适应地区】南北各地均有栽培

【观赏效果】青苹果竹芋是竹芋中的代表品种，也是炙手可热的"网红"款。其叶形圆润似苹果，叶色青翠，表面有整齐的条纹，极具观赏价值。植株喜阴，适合长时间在室内盆栽观赏。

市场价位：★★★★☆　　光照指数：★★☆☆☆　　施肥指数：★★☆☆☆
栽培难度：★★★★☆　　浇水指数：★★☆☆☆　　病虫指数：★★☆☆☆

病虫害防治： 常见病害有叶斑病和锈病，每 10 天左右用多菌灵可湿性粉剂 800 倍液或甲基托布津 1000 倍液喷洒，连喷 2～3 次。常见虫害有红蜘蛛和蚧壳虫。

全年花历												
月份	1月	2月	3月	4月	5月	6月	7月	8月	9月	10月	11月	12月
生长期	☘	☘	☘	☘	☘	☘	☘	☘	☘	☘	☘	☘
光照	☀	☀	☀	☀	☀	☀	☀	☀	☀	☀	☀	☀
浇水	💧	💧	💧	💧	💧	💧	💧	💧	💧	💧	💧	💧
施肥		🪣	🧴	🧴	🧴				🧴	🧴	🧴	
病虫害	🐞	🐞	🐞	🐞	🐞	🐞	🐞	🐞	🐞	🐞	🐞	🐞
繁殖			🪴🪴	🪴🪴								
修剪			✂	✂								

🔨 种植小贴士

腐叶土/泥炭土　蛭石、珍珠岩

1

选用疏松肥沃、排水良好、富含有机质的酸性腐叶土或泥炭土，加入适量珍珠岩、蛭石等以利排水。选择透气性好的花盆。

2

怕积水，冬、夏季控水防止盆土过湿引起根茎腐烂。喜潮湿环境，可在叶子周围喷水保湿，但要避免叶面积水导致叶缘焦枯。

3

春、秋生长季节薄肥勤施，每周施稀薄有机肥1次。低于18℃或高于32℃时停止施肥，否则易引起肥害烂根。

4

18～30℃

适生温度18～30℃，不耐寒，不耐高温。低于5℃时，地上部分易受冻害而枯萎。

5

喜半阴，忌强光，强光会导致叶片灼伤，光线过弱则叶质变薄。

6

日常勤疏剪掐芽，保证基部空气流通，促进多发侧芽新枝，花后及时剪去残花。

网纹草

Fittonia albivenis

✿

睿智　理性

【株高】5～20cm
【生长类型】多年生常绿草本

【观叶期】全年
【别名】费道花、银网草

【科属】爵床科网纹草属
【适应地区】南北各地均有栽培

【观赏效果】植株低矮，匍匐生长，叶色翠绿，叶片美丽清新，网状叶脉呈银白色或红色，极具观赏价值，适合盆栽或吊盆栽植，也可与中小型观叶植物搭配组合盆栽。

市场价位：★★☆☆☆
栽培难度：★★☆☆☆

光照指数：★★☆☆☆
浇水指数：★★★☆☆

施肥指数：★★☆☆☆
病虫指数：★★★☆☆

病虫害防治：主要病害为叶腐病，可每半月喷施 1 次 2000 倍波尔多液或 25% 多菌灵 1000 倍液进行防治。主要虫害有蚧壳虫、红蜘蛛等，可采用 40% 氧化乐果 1000 倍液喷杀。

月份	1月	2月	3月	4月	5月	6月	7月	8月	9月	10月	11月	12月
全年花历												
生长期	🍃	🍃	🍃	🍃	🍃	🍃	🍃	🍃	🍃	🍃	🍃	🍃
光照	☀	☀	☀	☀	☀	☀	☀	☀	☀	☀	☀	☀
浇水	💧	💧	💧	💧	💧	💧	💧	💧	💧	💧	💧	💧
施肥		🪣	🪣	🪣	🪣	🪣	🪣	🪣	🪣	🪣	🪣	
病虫害	🐛	🐛				🐛	🐛	🐛	🐛	🐛	🐛	🐛
繁殖			🪴	🌱	🌱				🌱	🌱		
修剪		✂	🖐	🖐			✂	✂	✂			

🪏 种植小贴士

1

以富含腐殖质的沙质壤土为佳，可用泥炭土、腐叶土和河沙以 5 : 3 : 2 的比例混合配制。

2

喜多湿环境，根系较浅，表土干时需浇水，但不耐积水。避免向叶面喷水，以免引起叶片腐烂和脱落，可滴灌或浸盆。

3

施足基肥，生长期每 2 周施 1 次稀薄肥水或氮磷钾复合肥。避免肥水沾在叶面上，否则易引起叶面腐烂。冬季停止施肥。

4

适生温度 20 ～ 30℃，低于 10℃需移入室内光照良好的地方。

5

喜散射光环境，强光照射会使叶缘发焦、脱落，若长期过于阴蔽则茎叶易徒长。

6

小苗长出 3 ～ 4 对真叶时可摘心促分枝，日常及时修剪黄叶、病叶。冬季室温较低导致叶片脱落的植株，可于开春时重剪促新枝。

文竹
Asparagus setaceus

永恒 纯洁的心

【观叶期】全年

【别名】云片松、云竹、山草

【株高】修剪控制高度

【生长类型】攀援植物

【科属】天门冬科天门冬属
【适应地区】我国中部、西北、长江流域及南方各地均有栽培

【观赏效果】形态轻盈，终年翠绿，叶状枝成层分布，枝干有节如竹子，姿态优雅潇洒，故而得名。可作小型盆栽置于案头、茶几，成龄植株可攀附于各种造型支架上，清新淡雅。

市场价位：★★★☆☆	光照指数：★★☆☆☆	施肥指数：★☆☆☆☆
栽培难度：★★★★☆	浇水指数：★★☆☆☆	病虫指数：★★☆☆☆

病虫害防治：主要病害是叶枯病，可用 50% 甲基托布津可湿性粉剂 1000 倍液进行喷洒。虫害主要是蚧壳虫、蚜虫，加强通风，用 40% 氧化乐果乳油剂 1000 倍液进行喷洒。

月份	1月	2月	3月	4月	5月	6月	7月	8月	9月	10月	11月	12月
生长期	🌿	🌿	🌿	🌿	🌿	🌿	🌿	🌿	🌿	🌿	🌿	🌿
光照	◑	◑	◑	◑	☀	☀	☀	☀	◑	◑	◑	◑
浇水	💧	💧	💧	💧	💧	💧	💧	💧	💧	💧	💧	💧
施肥				▣	▣	▣	▣	▣	▣	▣	▣	
病虫害	🐞	🐞	🐞			🐞	🐞	🐞				🐞
繁殖			◉	◉								
修剪			✂	✋	✋				✂	✂	✂	

🛠 种植小贴士

喜疏松透气、利水的栽培介质，可用园土、腐叶土和砂土等比配制。浅盆种植，如选用直径15～20cm的紫砂盆、陶盆等。

喜湿润环境，根系怕积水。浇水"不干不浇，浇则浇透"，注意保持空气湿度，冬季以盆土偏干为宜。

施足基肥，生长期每15天施1次腐熟的薄液肥，植株定型后控制施肥。

适生温度15～25℃，冬天温度应保持在10℃以上，低于5℃易受冻害。

喜半阴，除冬天外，其余季节不能放在阳光直射的地方。

具有攀援性，日常修剪老株、枯茎和不美观的枝条。对过长的枝蔓，或从基部疏掉，或从中部短截。1～2年换盆1次。

五彩芋

Caladium bicolor

❀

喜欢　愉快

【株高】40 ~ 70cm

【生长类型】球根花卉

【观叶期】5—9月

【别名】花叶芋、彩叶芋、七彩莲

【科属】天南星科五彩芋属

【适应地区】华南地区可露地越冬

【观赏效果】品种繁多，叶片有阔心形、披针形，叶色变化多，五彩斑斓如美丽的油画，具较高的观赏价值。适应性强，是优良的室内观叶植物。

市场价位：★★★☆☆	光照指数：★★☆☆☆	施肥指数：★★☆☆☆
栽培难度：★★☆☆☆	浇水指数：★★★☆☆	病虫指数：★☆☆☆☆

病虫害防治：催芽阶段种球易腐烂，种植前可用 50% 多菌灵 500 倍液浸泡防治。生长期易生叶斑病，可用 50% 甲基托布津可湿性粉剂 700 倍液喷雾防治。

月份	1月	2月	3月	4月	5月	6月	7月	8月	9月	10月	11月	12月
生长期					🍃	🍃	🍃	🍃	🍃			
光照				◐	◐	◐	◐	◐	◐	◐		
浇水	💧	💧	💧	💧	💧	💧	💧	💧	💧	💧		
施肥			🪣	🪣	🪣	🪣	🪣	🪣	🪣	🪣		
病虫害				🪲	🪲	🪲	🪲	🪲	🪲			
繁殖		🌷	🌷	🌷	🌷	🌷				🌱		
修剪									✂	✂		

全年花历

🔨 种植小贴士

1

泥炭土　珍珠岩

喜疏松透气、利水的栽培介质，可用大颗粒的泥炭土、珍珠岩按3：1比例配制，盆底垫入陶粒。选择透气性好的花盆，每盆种植2～3球，种球覆土2～3cm。

2

怕积水，浇水"见干见湿"，夏季高温时可向叶面及植株四周喷水增加空气湿度，休眠期断水。

3

薄肥勤施，生长期每半月施1次稀薄氮磷钾复合液肥，休眠期停止施肥。

4

20～30℃

适生温度20～30℃，不耐寒，低于15℃时，叶片逐渐枯萎进入休眠状态。

5

喜半阴，但若长期光照不足，则叶面彩斑会变暗、枝叶徒长。

6

植株休眠后，可原土放置于阴凉通风处，或挖出种球，杀菌后放在阴凉通风处。

小叶银斑葛

Scindapsus pictus

守望幸福

【科属】天南星科藤芋属
【适应地区】华南地区可露地越冬

【观叶期】全年

【别名】银星绿萝、星点藤、银葛

【株高】长度可达 300cm

【生长类型】藤本植物

【观赏效果】心形叶片厚实，叶面布满银灰色斑块，有一种高级的质感。藤蔓垂落，可置于桌面、柜顶垂落观赏，也可附植于蛇木柱作绿柱欣赏，好看又好养。

市场价位：★★★☆☆　　光照指数：★★☆☆☆　　施肥指数：★★☆☆☆
栽培难度：★☆☆☆☆　　浇水指数：★★★☆☆　　病虫指数：★☆☆☆☆

病虫害防治：主要的病虫害有白粉病、蚜虫和螨虫等。日常养护加强通风，少量虫害可物理清除。

全年花历

月份	1月	2月	3月	4月	5月	6月	7月	8月	9月	10月	11月	12月
生长期	🍃	🍃	🍃	🍃	🍃	🍃	🍃	🍃	🍃	🍃	🍃	🍃
光照	◑	◑	◑	◑	◑	◑	◑	☀	◑	◑	◑	◑
浇水	💧	💧	💧	💧	💧	💧	💧	💧	💧	💧	💧	💧
施肥			🧴	🧴	🧴	🧴	🧴	🧴	🧴	🧴	🧴	
病虫害			🐞	🐞	🐞	🐞	🐞	🐞	🐞	🐞		
繁殖			🪴	🪴	🌱	🌱	🌱	🌱	🌱	🌱		
修剪		✂	🌿	🤚🌿	🤚🌿		✂		✂		✂	

🔨 种植小贴士

1

粗椰壳　粗沙　珍珠岩
20%~30%

喜疏松透气、利水的栽培介质，可在盆土中添加 20% ～ 30% 的粗椰壳、粗沙或珍珠岩，并选用透气性好的花盆。

2

喜湿润环境，怕积水，浇水"见干见湿"。缺水时叶片卷曲，可以浸盆。

3

生长期薄肥勤施，每月补充 1 次通用型肥料，冬季停止施肥。

4

18~25℃

适生温度 18 ～ 25℃，不耐寒，冬季养护不宜低于 10℃。

5

喜半阴，宜摆放在有明亮散射光处，冬季低温时需增加光照。

6

及时修剪过多、过长、过密枝条，植株生长不良时可重剪更新。亦可设立棕柱使其缠绕向上生长，形成绿柱。

洋常春藤

Hedera helix

❊

友谊 忠实

【株高】修剪控制长度
【生长类型】常绿木质藤本

【观叶期】全年
【别名】洋爬山虎、长寿藤

【科属】五加科常春藤属
【适应地区】南北各地均有栽培

【观赏效果】叶色多变、终年常绿，茎蔓柔软下垂，可用于室内垂直绿化或作小型吊盆观赏，具有较强的净化空气能力，被称为"天然氧吧"。

市场价位：★★☆☆☆　　光照指数：★★★☆☆　　施肥指数：★☆☆☆☆
栽培难度：★★☆☆☆　　浇水指数：★★★☆☆　　病虫指数：★★☆☆☆

病虫害防治：主要病害有叶斑病，发病初期喷施 50% 甲基托布津可湿性粉剂 600 倍液或 25% 多菌灵可湿性粉剂 700 倍液，7 天左右喷 1 次，连喷 2 ~ 3 次。虫害有红蜘蛛、蚧壳虫等。

月份	1月	2月	3月	4月	5月	6月	7月	8月	9月	10月	11月	12月
生长期	🍃	🍃	🍃	🍃	🍃	🍃	🍃	🍃	🍃	🍃	🍃	🍃
光照	◑	◑	◑	◑	◑	☀	☀	☀	◑	◑	◑	◑
浇水	◌	◌	◌	◖	◖	◖	◖	◖	◖	◖	◌	◌
施肥			🪣	🪣	🪣	🪣			🪣	🪣	🪣	
病虫害				🪲	🪲	🪲	🪲	🪲	🪲			
繁殖			🪴	�‍🏵	⚘	⚘	⚘	⚘	⚘	⚘	⚘	
修剪		✂	✂							✂	✂	

种植小贴士

2 : 1 : 1
园土　腐叶土　粗砂

可用园土、腐叶土和粗砂以
2：1：1的比例配制栽培基
质，选择15～20cm口径的吊
盆，每盆栽苗3～4株。

"见干见湿"，生长期每周浇水
1～2次，夏季高温时向叶面
喷水降温，冬季保持盆土偏干。

生长期控肥保持株型，每月
施1次腐熟饼肥或复合肥，花
叶品种施氮、磷、钾含量为
1：1：1的复合肥。

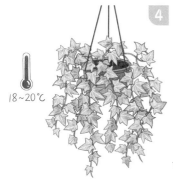

18～20℃

适生温度18～20℃，超过
35℃停止生长，冬季不低于5℃。

放置于有明亮散射光处，光照
弱、通风不良易生长衰弱，招致
病虫害。

及时修剪过密枝、交叉枝、徒
长枝，茎蔓过长时修剪整形。

油画婚礼紫露草
Tradescantia cerinthoides 'Nanouk'

❀

梦幻　希望

【株高】茎长可达 100cm
【生长类型】多年生草本

【观叶期】全年
【别名】油画婚礼吊兰、油画吊兰

【科属】鸭跖草科紫露草属
【适应地区】南北各地均有栽培

【观赏效果】叶色多变，叶面有淡绿、灰绿、淡紫、白色等多种斑纹，紫色叶背在阳光照射下呈现梦幻之感，可置于室内作观叶盆栽，也可让其自然生长沿吊盆下悬挂于花架、阳台之上。

市场价位：★★★☆☆　　光照指数：★★☆☆☆　　施肥指数：★★☆☆☆
栽培难度：★★☆☆☆　　浇水指数：★★★☆☆　　病虫指数：★☆☆☆☆

病虫害防治：病虫害较少，叶片焦边、叶斑等情况较为常见，避免使用过大花盆，根系满盆后及时换盆。

月份	1月	2月	3月	4月	5月	6月	7月	8月	9月	10月	11月	12月
生长期	🍃	🍃	🍃	🍃	🍃	🍃	🍃	🍃	🍃	🍃	🍃	🍃
光照	☀	☀	☀	☀	☀	●	●	●	☀	☀	☀	☀
浇水	💧	💧	💧	💧	💧	💧	💧	💧	💧	💧	💧	💧
施肥		▣	▣	▣	▣	▣	▣	▣	▣	▣		
病虫害	🪲	🪲				🪲	🪲	🪲				🪲
繁殖			🪴	🌱	🌱				🌱	🌱	🌱	
修剪	✂	✂	✂	✂	✂				✂	✂	✂	✂

全年花历

🔨 种植小贴士

1

喜疏松透气、肥力好的栽培介质，可用泥炭土、珍珠岩、腐叶土按1∶1∶1比例配制。选用透气、透水的花盆，也可选择吊盆。

2

积水易烂根，浇水"见干见湿"，冬、夏季减少浇水次数。避免水分沾到叶片上，空气干燥时在周围喷水加湿。

3

施足基肥，生长期每月施1次稀薄液肥，或每2月在花盆中撒入缓释肥，增施磷钾肥可使叶色艳丽。

4

适生温度15～25℃，越冬温度保持在10℃以上。

5

喜光照充足，但夏季要适当遮阴。阳光暴晒会使叶片干枯焦黄，光线不足则叶色变淡返绿、叶缘反卷、植株徒长。

6

日常修剪弱枝、枯枝、过长枝条和过密的底部叶片，掐掉花苞可降低养分消耗，长出更多侧枝和新叶。

圆叶椒草

Peperomia obtusifolia

❀

中立　公正　雅致

【科属】胡椒科草胡椒属
【适应地区】南北各地均有栽培

月份	1月	2月	3月	4月	5月	6月	7月	8月	9月	10月	11月	12月
全年花历												
生长期	🍃	🍃	🍃	🍃	🍃	🍃	🍃	🍃	🍃	🍃	🍃	🍃
光照	☀	☀	半阴	半阴	半阴	半阴	半阴	半阴	半阴	半阴	半阴	☀
浇水	💧	💧	💧	💧	💧	💧	💧	💧	💧	💧	💧	💧
施肥		施肥	施肥	施肥	施肥	施肥	施肥	施肥	施肥	施肥	施肥	
病虫害	🐛	🐛				🐛	🐛	🐛				🐛
繁殖			播种	扦插	扦插							
修剪			✂	✂						✂	✂	

![种植小贴士]

1

园土　珍珠岩　腐叶土

选用疏松透气的栽培介质，可用园土、腐叶土加适量珍珠岩（或沙）配制，种植于透气的陶盆或塑料盆中。

2

喜湿怕涝，每周浇水2～3次即可，夏季向叶面喷水降温，冬季保持盆土偏干。

3

需肥量不大，每月施1～2次稀薄液肥，也可在盆中撒入缓释肥。冬季停止施肥，花叶品种少施氮肥。

4

20～25℃

适生温度20～25℃，冬季保持在10℃以上。

5

喜半阴环境，怕阳光直射，春、夏、秋季应放于背阴处。

6

可摘心促分枝，日常修剪徒长枝、过密枝条保证基部通风，及时掐除花苞。

朱砂根
Ardisia crenata

❀

旺财　多子多福

【科属】报春花科紫金牛属
【适应地区】南北各地均有栽培

【株高】修剪控制大小
【生长类型】常绿小灌木

【果期】10至12月
【别名】富贵籽、金玉满堂、黄金万两

【观赏效果】株型美观，叶色翠绿，果实色泽红艳，密集地挂满枝头，数量众多，经久不落，形成一片红彤彤的景象，既漂亮又具有喜庆氛围，是优良的观果、观姿、观叶花卉。

市场价位：★★★★☆	光照指数：★★★☆☆	施肥指数：★★★☆☆
栽培难度：★★☆☆☆	浇水指数：★★★☆☆	病虫指数：★★☆☆☆

病虫害防治：主要病害有叶斑病，发病初期喷施 50% 甲基托布津可湿性粉剂 600 倍液或 25% 多菌灵可湿性粉剂 700 倍液。虫害主要是蚧壳虫，量少可人工去除，或喷施 40% 氧化乐果乳油 1000 倍液防治。

月份	1月	2月	3月	4月	5月	6月	7月	8月	9月	10月	11月	12月
生长期	🍒	🍒	🍒	🍒	❀	❀	🌿	🌿	🌿	🍒	🍒	🍒
光照	☀	☀	◐	☀	☀	☀	☀	☀	◐	◐	◐	☀
浇水	💧	💧	💧	💧	💧	💧	💧	💧	💧	💧	💧	💧
施肥			◆	◆	◆	◆	◆	◆	◆			
病虫害			🐞	🐞	🐞	🐞	🐞	🐞	🐞	🐞	🐞	
繁殖			🪴	🌱	🌱							
修剪			✂	🍒	🍒				✂	✂		

全年花历

🔨 种植小贴士

喜疏松肥沃的砂质壤土,可用
泥炭土、园土和砂混合配制。
选择深度适宜、排水良好的陶
盆或塑料盆。

喜湿润环境,生长期保持盆土
湿润,夏季高温时向叶面喷水,
冬季控水。

生长期每月施2次稀薄有机液
肥,现蕾后增施2～3次磷钾
肥,冬季控肥。

适生温度 15～25℃,
不耐寒,低于8℃停止
生长。

喜半阴环境,宜放置于有明亮
散射光位置,不宜暴晒。

幼苗时摘心促分枝,日常修剪过高、
过密枝条,果期修剪过密果枝。每2
年换盆1次。

吊兰

Chlorophytum comosum

❀

团结　希望

【株高】20 ~ 30cm

【生长类型】多年生常绿草本

【观叶】全年

【别名】垂盆草、挂兰、兰草

【科属】天门冬科吊兰属
【适应地区】华南地区可室外越冬

【观赏效果】植株茂盛飘逸，叶片四季常青，部分品种叶脉有金黄色的条纹，一年四季可多次现蕾开花。花茎常由盆沿向外舒展散垂，形成类似花状的绿色小植株。

市场价位：★★☆☆☆　　光照指数：★★☆☆☆　　施肥指数：★★★☆☆

栽培难度：★★☆☆☆　　浇水指数：★★★☆☆　　病虫指数：★★☆☆☆

病虫害防治：适应能力强，较少生病虫害，以预防为主。偶见病害有根腐病、茎腐病、软腐病等，虫害有蚜虫、粉虱、线虫和蚧壳虫等。

月份	1月	2月	3月	4月	5月	6月	7月	8月	9月	10月	11月	12月
全年花历												
生长期	🍃	🍃	🍃	❀	❀	❀	🍃	🍃	🍃	🍃	🍃	🍃
光照	◐	◐	◑	◐	◑	☀	☀	☀	◑	◐	◑	◐
浇水	💧	💧	💧	💧	💧	💧	💧	💧	💧	💧	💧	💧
施肥	🧴	🧴	🧴	🧴	🧴	🧴	🧴	🧴	🧴	🧴	🧴	🧴
病虫害	🪲	🪲				🪲	🪲	🪲				🪲
繁殖				🪴🪴						🪴🪴		
修剪				✂	✂					✂		

🛠 种植小贴士

1

园土(4)　腐叶土(4)　河沙(2)

在排水良好、疏松肥沃、透气性较强的砂质微酸土中生长较佳，可将园土、腐叶土、河沙按 4：4：2 混合。

2

较耐旱，浇水"见干见湿"，保持土壤湿润，夏季高温时节及冬季控水。

3

较耐肥，生长期每周追施稀薄液肥，注意控制氮肥用量，避免叶片上的金心、金边变淡。

4

15~28℃　≥5℃

喜温暖，适生温度 15～28℃，不耐寒，越冬温度不宜低于5℃。

5

喜半阴，不耐晒，夏、秋季避免阳光直射，以中等强度的散射光线为宜。

6

及时剪掉黄叶，5月修剪部分老枝促发新枝，并保证通风。每2～3年换盆1次，剪掉老、弱、烂根。